Ilyassou Oumarou

Estabelecimento do nível básico de fertilidade do solo do ICRISAT Sahelian Center

Ilyassou Oumarou

Estabelecimento do nível básico de fertilidade do solo do ICRISAT Sahelian Center

ScienciaScripts

Cover image: www.ingimage.com

This book is a translation from the original published under ISBN 978-3-659-50661-1.

Publisher:
Sciencia Scripts
is a trademark of
Dodo Books Indian Ocean Ltd. and OmniScriptum S.R.L publishing group

120 High Road, East Finchley, London, N2 9ED, United Kingdom
Str. Armeneasca 28/1, office 1, Chisinau MD-2012, Republic of Moldova, Europe
Printed at: see last page
ISBN: 978-620-5-69540-1

Dedicação

Esta tese é dedicada à minha filha, Yousra Oumarou Ilyassou, que me faz sempre sorrir. É a sua geração que mais beneficiará com este projecto de investigação à medida que enfrentar os problemas de como alimentar um planeta mais povoado. É também a minha esperança que ela um dia se aperceba que a educação é uma arma para combater a ignorância e a pobreza e uma chave para abrir muitas portas ao sucesso.

Gostaria também de dedicar este trabalho à minha esposa Fátima, porque sem a sua dedicação, ajuda, apoio e amor, não teria conseguido alcançar os meus objectivos.

Os meus pais falecidos também merecem uma menção especial por me terem inculcado valores de autodisciplina e por me terem ensinado o valor da educação nos primeiros tempos da vida escolar.

Dedico também este estudo a toda a minha família em reconhecimento do seu contínuo apoio, encorajamento, motivação e compreensão ao longo de todo o período dos meus estudos. Sem eles eu não teria conseguido.

Agradecimentos

Gostaria de agradecer ao meu Director, Dr. Farid Waliyar, Director Regional da ICRISAT-WCA por me apoiar na frequência da Atlantic International University, e pela sua orientação consistente e ajuda na minha investigação e dissertação. Os seus conselhos e apoio foram inestimáveis ao longo de todo o curso deste estudo.

Aprecio profundamente o Dr. Andre Bationo da Alliance for Green Revolution in Africa (AGRA) pelo seu conselho e assistência durante o meu trabalho de campo e pela disponibilização de todas as publicações relevantes para me ajudar a realizar este trabalho.

Gostaria de agradecer a entusiástica supervisão do Dr. Franklin Valcin, meu conselheiro académico da Atlantic International University, pelo seu contínuo apoio e aconselhamento.

Os meus agradecimentos a Nadia Bailey, minha tutora da Atlantic International University, por me ter ajudado a passar a fase I do meu estudo.

Muito obrigado à minha "amiga" Sandra Garcia, minha Supervisora da Atlantic International University por me ajudar a inscrever-me e a organizar planos de pagamento especiais que tornaram tudo isto possível.

Estou muito grato à própria Atlantic International University por me ter concedido uma bolsa parcial, sem a qual não poderia pagar as propinas.

Gostaria de agradecer às equipas de serviços estudantis e à divisão financeira da Atlantic International University pela disponibilidade e vontade de interagir em tempo útil.

Muito obrigado também ao Dr. Mohamadou Gandah do International Crops Research Institute for the Semiarid Tropics (ICRISAT) no Níger e Herrmann Ludger, Universidade de Hohenheim, Soil Science and Petrography, Alemanha pelo seu apoio, discussões técnicas e encorajamento tanto a nível académico como a nível pessoal. Estou grato pelo vosso apoio.

Estou também grato à Sra. Boureima Halimatou, Serviços de Formação, Biblioteca, Informação e Documentação do ICRISAT Niamey por me ajudar a encontrar até os livros, revistas e publicações mais difíceis de encontrar.

Agradeço também à equipa do Laboratório de Serviços Analíticos do ICRISAT -Niamey, sem a qual, o aspecto analítico deste trabalho não seria possível.

Agradeço à Sra. Ibrahim Maikano e Harouna Dodo do ICRISAT Sahelian Center, por ajudarem a estabelecer planos SIG e análises estatísticas com os resultados analíticos.

Agradecimentos especiais ao Sr. Ado Saley do Centro Sahelian do ICRISAT, por me ajudar a organizar as tarefas de acordo com as exigências da minha Universidade. Ele também desempenhou um papel fundamental na edição desta tese final.

Gostaria também de agradecer aos meus amigos, Ibrahim Mallam Abdou e Daouda Djibo Takoubakoye pelo seu inestimável apoio durante todo o período dos meus estudos.

Tabela de Conteúdos

Nível de fertilidade do solo do ICRISAT, Estação de Pesquisa da Sadore

Capítulo 1

Introdução

A fertilidade do solo é essencial para a vida na terra. A fertilidade do solo aumenta a capacidade dos seres humanos de produzir alimentos. É também importante na área da conservação. As plantas têm diferentes requisitos ambientais e diferentes necessidades de fertilidade do solo. As necessidades das plantas variam de acordo com o seu ambiente e evolução preferidos. A fertilidade do solo varia não só em vastas áreas, mas pode diferir significativamente dentro de poucos metros. O mapeamento detalhado da fertilidade do solo numa área pode afectar as actividades de investigação no desenvolvimento de plantas para a agricultura e outros fins. Pode também afectar a produção de materiais vegetais. Esta investigação irá descrever métodos utilizados para determinar a fertilidade do solo em várias áreas doICRISAT, Estação de Pesquisa da Sadore.

Antecedentes do problema

O desenvolvimento de métodos de cartografia da fertilidade do solo é um passo importante para melhorar a produção agrícola e para a realização de estudos de investigação. Embora as necessidades de fertilidade do solo de várias plantas sejam diferentes, certos princípios aplicam-se a muitas plantas em geral. As plantas requerem quase 16 elementos diferentes para um crescimento e reprodução normais. Carbono, hidrogénio e oxigénio são os elementos utilizados nas maiores quantidades pelas plantas. Os outros 13 elementos são utilizados em formas minerais que são absorvidos pelo solo. Estes nutrientes devem ser adicionados ao solo se não estiverem já presentes em quantidades suficientes.

Antes que o nível adequado de nutrientes possa ser adicionado ao solo, devem ser obtidos dois pedaços de informação. O primeiro são as necessidades nutricionais das plantas que se destinam a ser cultivadas na área. O segundo são os níveis destes nutrientes que já estão presentes no solo. Estes dois elementos de informação determinarão os tipos e quantidades de fertilizantes que precisam de ser adicionados ao solo.

As plantas precisam de quantidades desproporcionadamente maiores de azoto (N), fósforo (P), e potássio (K). Estes elementos são conhecidos como nutrientes primários. Estes são os que estão contidos na maioria dos fertilizantes nas maiores quantidades. Os elementos secundários são o cálcio, o magnésio e o enxofre. Estes são necessários em quantidades menores do que os elementos primários, mas as plantas ainda precisam de quantidades significativas destes elementos. Os fertilizantes ricos em calcário e enxofre são as formas mais comuns de melhorar estes nutrientes nos solos que são deficientes nos mesmos. A chuva também fornece quantidades significativas de azoto e enxofre, tanto quanto 9-18 kg por hectare por ano, dependendo da qualidade do ar local na área.

Os micronutrientes incluem boro, cobre, cloro, ferro, manganês, molibdénio e zinco são necessários em quantidades muito pequenas, mas são essenciais para todos os tipos de plantas. Uma deficiência nestes elementos pode levar à supressão do crescimento e do rendimento. Estes são os elementos mais comuns a serem deficientes em muitos solos. A obtenção de níveis adequados destes elementos pode desempenhar um papel significativo no elevado rendimento e produção em muitas plantas. Estes nutrientes podem ser fornecidos tanto através do melhoramento do solo com estes nutrientes como através de pulverizações foliares ao longo de toda a estação de crescimento.

O solo médio contém 13 dos 15 elementos necessários para as necessidades nutricionais das plantas de ordem superior. Não só estes elementos devem estar presentes, como devem estar disponíveis nas quantidades e na forma adequadas, mas também devem estar presentes nas proporções que mais se assemelhem às necessidades nutricionais óptimas das plantas. Uma deficiência significativa mesmo de um destes elementos pode levar a uma paragem significativa da fotossíntese e da produtividade. O plano não irá crescer até que o nível adequado de nutrição seja restaurado. A planta será limitada à extensão do elemento em falta. Se mesmo um dos elementos essenciais estiver em falta, a planta será limitada pela ausência desse elemento. Todos os elementos devem estar presentes em quantidades suficientes a fim de se obter o crescimento e produtividade máximos da cultura. Estes princípios aplicam-se tanto à produção agrícola como aos ecossistemas naturais. Como se pode ver, a nutrição do solo desempenha um papel essencial na capacidade dos ecossistemas naturais e dos sistemas de produção das culturas para continuar a produzir. A importância da análise do solo para determinar os níveis existentes de nutrientes e as quantidades e tipos de insumos que devem ser aplicados são essenciais para a capacidade de atingir a produtividade máxima.

Este estudo irá examinar a fertilidade do solo no Centro Sahelian da estação de investigação ICRISAT. Esta estação é um local de 500 hectares na "Sadore" que serve como base regional para a investigação de sistemas agrícolas para maximizar a produção de painço, feijão-frade e amendoim, bem como de árvores de fruto e plantas hortícolas. Actualmente, não existe uma base de dados que forneça análises detalhadas da fertilidade do solo na estação ICRISAT. A fim de realizar investigações precisas, os cientistas precisam de ter acesso a informações detalhadas sobre análises do solo. O objectivo deste estudo será fornecer esta informação para futuros projectos de investigação.

Significado do problema

A investigação até este ponto não incluiu informação detalhada sobre a fertilidade do solo na estação ICRISAT. A ausência desta informação tem vários efeitos chave sobre os resultados da investigação realizada na estação. Sem informação detalhada sobre a fertilidade do solo, a investigação na estação não é melhor do que o trabalho de adivinhação. Não se sabe se existem condições naturais do solo que possam afectar os estudos de resultados conduzidos no local. Elementos que são abundantes ou deficientes poderiam ter um efeito significativo no crescimento das plantas e, portanto, nos resultados dos estudos de investigação.

A fertilidade natural do solo introduz uma série de potenciais variáveis de confusão na investigação conduzida na estação. As diferenças na fertilidade do solo para cada um dos elementos necessários ao crescimento das plantas podem afectar os resultados da investigação. As condições variáveis do solo no local tornam difícil o isolamento das variáveis dependentes dos projectos de investigação na estação. Por exemplo, se a investigação examinar as características de crescimento e rendimentos de duas estirpes diferentes de painço, as diferenças nas características do solo podem ser a razão para os resultados obtidos, em vez de uma estirpe ser melhor do que a outra. As mesmas condições poderiam aplicar-se à investigação que explora vários métodos de cultivo. É difícil determinar a validade dos resultados da investigação obtidos na estação sem uma compreensão do perfil de fertilidade do solo da estação de investigação.

Sem informação sobre a fertilidade do solo em vários locais da estação de investigação, a validade dos resultados obtidos não pode ser confirmada. O primeiro problema é determinar se a fertilidade do solo poderia explicar os resultados obtidos no estudo de investigação, indicando assim a presença de uma variável confusa. O segundo problema é determinar de que forma as condições do solo podem ter afectado a pesquisa de resultados realizada no estudo. Os resultados do mapeamento do solo realizado no Centro Sahelian da estação de investigação ICRISAT irão aumentar a validade e fiabilidade das conclusões tiradas pela futura investigação na estação.

Finalidade do estudo

O objectivo deste estudo de investigação é realizar uma análise detalhada do solo na estação de investigação do Centro Sahelian doICRISAT. A fertilidade do solo será determinada por uma série de métodos de investigação padrão, que serão explicados em secções subsequentes deste relatório. Este estudo fornecerá informações que estarão prontamente disponíveis a futuros investigadores para a realização dos seus estudos. Permitir-lhes-á determinar os níveis iniciais de nutrientes do solo antes da realização da sua investigação. Permitir-lhes-á normalizar e homogeneizar as suas condições do solo antes da realização das suas investigações previstas. Permitir-lhes-á também determinar se existem condições inerentes às condições naturais do solo que possam afectar os resultados dos seus estudos de investigação. Esta investigação ajudará os futuros investigadores a apoiar a validade do seu estudo e a sua capacidade de isolar as suas variáveis dependentes.

O objectivo deste estudo de investigação é apoiar os esforços de futuros investigadores na Centro Sahelian da estação de investigação doICRISAT.

Objectivos do Estudo de Investigação

Os principais objectivos de investigação do estudo são determinar como as diferenças na fertilidade do solo no Centro Sahelian da estação de investigação ICRISAT afectaram potencialmente a investigação passada na estação, ou como podem afectar a investigação futura na estação. O objectivo principal é fornecer informações que melhorem a validade e a fiabilidade da investigação futura na estação.

Hipóteses

Esta investigação baseia-se no pressuposto de que o solo não é homogéneo e que as diferenças na fertilidade do solo ocorrem em distâncias relativamente curtas. As razões para estas diferenças serão discutidas em secções subsequentes deste estudo de investigação. As seguintes hipóteses de investigação orientarão a realização deste estudo de investigação.

Hl: Serão encontradas diferenças de solos entre várias áreas do Centro Sahelian da estação de investigação ICRISAT.

HO: Não serão encontradas diferenças de solo entre as várias áreas do Centro Sahelian da estação de investigação ICRISAT.

Hl: As diferenças de solo entre várias áreas do Centro Sahelian da estação de investigação ICRISAT serão de tipos que se pode esperar que afectem o crescimento e rendimento das plantas.

HO: Nenhuma diferença de solo entre várias áreas do Centro Sahelian da estação de investigação ICRISAT será de tipos que possam afectar o crescimento e o rendimento das plantas.

Questões de Investigação

As hipóteses deste estudo de investigação fornecerão os princípios orientadores por detrás deste estudo de investigação. No entanto, o valor da investigação não se limitará às conclusões tiradas pelas hipóteses de investigação. As seguintes perguntas de investigação serão também respondidas no decurso do estudo de investigação.

1. Em que medida é que o solo difere em fertilidade nos vários locais da estação de investigação do Centro Sahelian doICRISAT?
2. Existe algum elemento chave ou conjunto de nutrientes deficiente numa grande porção das amostras de solo?
3. Quão significativas são as diferenças entre as várias secções do Centro Sahelian da estação de investigação ICRISAT?
4. Em que direcção e como é que estas diferenças na fertilidade do solo são susceptíveis de afectar as principais culturas cultivadas no Centro Saheliano da estação de investigação doICRISAT?
5. Quais seriam os possíveis efeitos das diferenças na fertilidade do solo no Centro Saheliano doICRISAT sobre a validade dos estudos de investigação?
6. Quais seriam os efeitos prováveis das diferenças na fertilidade do solo no Centro Sahelian da estação de investigação ICRISAT sobre a fiabilidade e a capacidade de isolar a variável de investigação dependente?
7. Como é que as diferenças na fertilidade do solo afectam a fiabilidade da investigação realizada no passado no Centro Sahelian da estação de investigação ICRISAT?
8. Como irão os conhecimentos adquiridos nesta investigação afectar a investigação futura no Centro Sahelian da estação de investigação doICRISAT?

Estas questões de investigação proporcionarão a capacidade dos investigadores de atingir os objectivos primários de investigação do estudo.

Conclusões

A fertilidade do solo é um elemento-chave da produção agrícola e da investigação sobre as plantas com o objectivo de melhorar os rendimentos. Uma das chaves para uma investigação valiosa é a capacidade de isolar a variável dependente. Várias condições podem afectar a capacidade de isolar a variável dependente. A presença de variáveis confusas pode ser prejudicial para a validade das conclusões tiradas num estudo de investigação. A fertilidade do solo representa uma variável confusa na investigação sobre o crescimento e rendimento das plantas. Esta investigação fornecerá informação valiosa que ajudará a eliminar variáveis de confusão na futura investigação no Centro Sahelian da estação de investigação doICRISAT.

O capítulo 1 deste estudo de investigação examinou o objectivo do estudo e discutiu o valor deste estudo de investigação para a investigação futura. O capítulo 2 examinará a literatura relacionada com temas de interesse para a compreensão da investigação conduzida neste estudo. O Capítulo 3 conterá uma descrição detalhada da metodologia utilizada neste estudo de investigação. O capítulo 4 irá apresentar os resultados do estudo de investigação. O capítulo 5 explorará uma discussão das conclusões deste estudo de investigação, bem como recomendações sobre como utilizar a informação e o mapeamento do solo realizados neste estudo em futuros projectos de investigação.

Capítulo 2

Revisão da Literatura

A compreensão da fertilidade do solo é essencial para a realização deste estudo de investigação. Neste capítulo será analisada a literatura sobre tópicos relacionados com o estudo de investigação. A revisão da literatura será dividida em três grandes títulos de secção. A primeira secção consistirá numa compreensão básica da fertilidade do solo e do que afecta a fertilidade do solo. Esta secção será necessária para se obterem recomendações sobre como aplicar ao campo as informações recolhidas nesta investigação. A segunda secção irá explorar testes e métodos de investigação comuns utilizados na análise de solos e plantas. A terceira secção da investigação examinará as necessidades de nutrientes do solo para as principais culturas que estão a ser investigadas na estação ICRISAT.

Compreender a fertilidade do solo

Como foi discutido no Capítulo 1, uma planta necessita de uma quantidade específica de certos nutrientes para permanecer saudável e para continuar a crescer a um ritmo normal e reproduzir-se. Num ecossistema natural, a quantidade e os tipos de nutrientes disponíveis determinam em grande parte o tipo de plantas que se encontram na área e o ritmo a que crescem[1] . O solo e a produção de culturas é um grande consumidor de nutrientes do solo e os níveis de nutrientes devem ser continuamente monitorizados a fim de garantir o máximo crescimento e rendimento. Tanto os fertilizantes orgânicos como inorgânicos podem ser utilizados para restaurar o solo aos níveis adequados de nutrientes.

Os nutrientes são ciclados e reciclados no sistema do solo. Os nutrientes movem-se dentro de um sistema fechado. As plantas absorvem nutrientes e crescem. Com o tempo morrem, os seus frutos são devolvidos ao solo, e decompõem-se. Devolvem os nutrientes que consumiram ao solo para serem utilizados pela planta seguinte que é plantada nessa área. Por vezes, os nutrientes são transportados para outro local. Neste caso, uma área é esvaziada de nutrientes enquanto o local onde os nutrientes são depositados recebe um excedente de nutrientes que não existia antes. O solo é o dispositivo de armazenamento de nutrientes. O solo liberta nutrientes muito lentamente e os nutrientes movem-se lentamente de um ponto do ciclo para outro[2] .

A análise do solo envolve a medição de nutrientes no solo que se encontram numa forma que pode ser absorvida pelas plantas. A análise das plantas é a companheira da análise do solo. Não basta simplesmente saber que nutrientes estão disponíveis no solo. As plantas devem ser capazes de absorver estes nutrientes para que possam ser úteis. A análise de plantas mede a quantidade de nutrientes que é efectivamente absorvida no tecido vegetal e utilizada pela planta. A análise das plantas tem uma vantagem fundamental sobre a análise directa do solo. Micronutrientes e oligoelementos podem ser medidos de forma mais fiável nas plantas do que nos solos[3] . No entanto, para esta análise, a análise de plantas não ajudará com o resultado do estudo de investigação. O investigador precisa de saber que nutrientes estão disponíveis e em que quantidades na área específica onde a investigação será conduzida, a fim de ter isso em consideração na concepção da investigação. Portanto, este estudo de investigação irá concentrar-se na análise do solo, em vez da análise das plantas.

A água e o seu efeito na fertilidade do solo

A água desempenha um papel importante na fertilidade do solo e em várias qualidades analíticas do solo. A água para irrigação terá um efeito no solo uma vez que contém certos níveis de nutrientes e terá um efeito no pH, salinidade, oligoelementos, substâncias tóxicas, e a quantidade de cloro no solo. A água é um elemento importante a compreender pelo seu papel no ciclo do solo[4] .

A água tem vários efeitos no solo que terão um efeito no crescimento e rendimento das plantas. Em áreas que se encontram num clima húmido, ou que recebem fortes chuvas antes e depois da estação de crescimento, o excesso de água na área lixivia o excesso de sais e outros elementos no solo, impedindo-os de se acumularem até níveis tóxicos para a planta. Água alta antes e depois do período de crescimento ajuda a lixiviar o excesso de nutrientes. Isto permite que certas águas não possam ser utilizadas para as culturas.

Uma boa drenagem do solo assegura que, uma vez dissolvidos na água, os nutrientes em excesso são levados e não depositados de novo na mesma área. Isto permite que a água seja utilizada para culturas que de outra forma não seriam utilizadas. Os solos mal drenados requerem água de maior qualidade do que os que são melhor drenados[5] . O momento e a frequência com que a água é aplicada tem um efeito sobre quaisquer efeitos prejudiciais no solo, e subsequentemente sobre as plantas que irão utilizar a água.

Vários factores afectam as necessidades de água de uma cultura. Estes incluem o tipo de solo, o clima, os métodos de irrigação e os efeitos modificadores das interacções entre solo e água. Além disso, as variações na relação entre as concentrações de nutrientes no solo e as soluções de água terão um efeito no tipo e qualidade da água que pode ser utilizada[6] . As diferentes plantas têm também diferentes necessidades e tolerâncias às variações na qualidade da água que lhes é dada.

É possível analisar a água que eles fornecerão às suas plantas. No entanto, tal como nos solos, o conteúdo da água pode mudar com o tempo. Por vezes estas mudanças são rápidas e por vezes são uma migração gradual de uma condição para outra ao longo do tempo. Em termos práticos, as amostras de água não são recolhidas sempre que a água é aplicada a uma cultura. A quantidade de irrigação utilizada depende da quantidade de precipitação natural numa área. É mais fácil controlar a água de irrigação do que a água natural da chuva. Há muitas variáveis que afectam a quantidade e o tipo de irrigação que uma cultura recebe. Tal como numa experiência de investigação, estas variações estão fora do domínio do controlo humano. Isto torna a aplicação da quantidade e tipo certos de água às plantas mais uma arte do que uma ciência.

O quadro seguinte resume os níveis constituintes desejáveis e admissíveis para a água que se destina a ser utilizada para fins agrícolas.

Quadro 1: Critérios de qualidade da água para usos agrícolas.

	Permissible	Desirable
Physical:		
Temperature	55°F to 85°F	
Microbiological: [1]		
Fecal Coliforms (44.5°C)	100/100 ml	0/100 ml
Enterococci (35°C)	20/100 ml	0/100 ml
Total bacteria (20°C)	100,000/100 ml	<10,000/100 ml
Inorganic Chemicals:		
Aluminum	20.0 mg/l	< 1.0 mg/l
Arsenic	10.0 mg/l	< 1.0 mg/l
Beryllium	1.0 mg/l	< 0.5 mg/l
Boron	0.5 mg/l	0.3 mg/l
Cadmium	0.05 mg/l	< 0.005 mg/l
Chloride	150 mg/l	<70 mg/l
Chloride-special requirement for tobacco	70 mg/l	<20 mg/l
Chromium	20.0 mg/l	< 5.0 mg/l
Cobalt	10.0 mg/l	< 0.2 mg/l
Copper	5.0 mg/l	< 0.2 mg/l
Lead	20.0 mg/l	< 5.0 mg/l
Lithium	5.0 mg/l	< 5.0 mg/l
Manganese	20.0 mg/l	< 2.0 mg/l
Molybdenum	0.05 mg/l	< 0.005 mg/l
Nickel	2.0 mg/l	< 0.5 mg/l
pH (range)	4.8 to 9.0	
Residual Sodium Carbonate $= (C0_3^{--}+HC0_3^{-})-(Ca^{++}+Mg^{++})$ expressed as mg eq/l	1.25 mg eq/l	< 1.25 mg eq/l
Selenium	0.05 mg/l	<0.05 mg/l
Sodium Adsorption Ratio $SAR = \frac{Na}{\sqrt{\frac{Ca+Mg}{2}}}$ expressed as mg-eq/l	6	< 4
Total dissolved solids	500 mg/l	<200 mg/l
Vanadium	10.0 mg/l	< 10.0 mg/l
Zinc	5.0 mg/l	< 5.0 mg/l
Organic Chemicals:		
Pesticides	Insecticides, herbicides fungicides, and rodenticides must not be present in waters used for irrigation in concentrations that are detrimental to crops, livestock, wildlife or man.	Absent

Fonte de dados: (Ilyassou, Dezembro de 2010). Análise da Qualidade da Água para Uso Agrícola. Universidade Internacional Atlântica.

Quando se compara os critérios para a água que deve ser utilizada para outros fins, tais como água potável ou na indústria alimentar, a água de irrigação para fins agrícolas tem muito mais variabilidade admissível do que a água que deve ser utilizada para outros fins (Ilyassou, Dezembro de 2010). Isto traduz-se num elevado grau de variabilidade na forma como a água afecta também esse solo. A água tem um efeito significativo na fertilidade do solo; por conseguinte, a obtenção de água de boa qualidade é essencial para o sucesso do crescimento e produção das plantas.

Testes, Medições e Interpretação em Solos Comuns

Biomassa microbiana

A medição da biomassa microbiana é essencial para uma compreensão da saúde do solo num determinado local. A decomposição do material vegetal é uma etapa essencial no ciclo do solo. O material vegetal morto é transformado em solo através do processo de decomposição. Os organismos microbianos auxiliam no processo de decomposição. No entanto, os microrganismos necessitam de nutrientes particulares para realizar a sua tarefa e são limitados pelas quantidades e tipos de nutrientes disponíveis nas plantas que consomem. Uma medição da biomassa microbiana fornece e indica as quantidades de microrganismos no solo, expressas em peso.

O peso da biomassa no solo fornece uma indicação da quantidade de carbono, azoto, fósforo e enxofre no solo[7] . Vários métodos diferentes são utilizados para determinar a biomassa microbiana disponível no solo. Estes incluem fumigação, incubação, fumigaçãoextracção, e métodos respiratórios induzidos por substratos. Cada um destes métodos de análise tem vantagens e desvantagens de acordo com o tipo de solo sobre o qual serão utilizados.

Uma das principais limitações deste método é que apenas fornece uma estimativa da biomassa total. Não tem a capacidade de identificar espécies específicas[8] .

A biomassa do solo é expressa como uma proporção de organismos microbianos em relação ao solo. A proporção de carbono varia geralmente entre 0-5%. Quando os valores são demasiado baixos para o tipo de solo, resultará em compactação, compactação e registo de água. Também resultará num ambiente químico que não pode sustentar a vida, tal como um pH desfavorável, deficiência de cálcio, e toxicidade. Estes tipos de solos são baixos em matéria orgânica também[9] .

Química Básica do Solo

Muitas técnicas analíticas foram desenvolvidas para ajudar a medir a química básica do solo.

Os testes mais comuns realizados no solo são pH, percentagem de matéria orgânica, azoto, fósforo e catiões permutáveis e CEC[10] . A água desempenha um papel importante em muitos processos químicos e o mesmo pode ser dito da química do solo. Como foi discutido anteriormente, a água altera a composição e o perfil químico do solo através da adição ou transporte de vários aditivos. Estes processos são físicos e resultam em novas composições do solo, uma vez que a água serve como portadora de vários componentes do solo. Um exemplo disto é uma área inundada. Quando ocorre uma inundação, a água transporta certos químicos, deposita outros, e dilui as concentrações de alguns. Estes processos físicos são difíceis de prever, mas têm um efeito acentuado na fertilidade e composição do solo na sua esteira. Como analistas, podemos prever alguns destes efeitos quando utilizamos água de rega de composição conhecida. No entanto, quando o solo é alterado através das forças naturais da água, só se pode descrever a química do solo no rescaldo.

A água não só muda fisicamente o solo, como também o muda quimicamente. A água desempenha um papel importante em muitas reacções químicas e as reacções que têm lugar no solo não são diferentes. Uma compreensão da química aquosa é primordial para uma compreensão da química do solo e para a capacidade de compreender as implicações da análise do solo realizada em conjunto com este estudo de investigação.

As reacções mais importantes que afectam a química do solo são as trocas iónicas, acidificação, salinização, reacções de oxidação-redução, reacções organometálicas[11] . Estas reacções irão afectar a química e composição do solo antes, durante e após a realização deste estudo de investigação. A compreensão do perfil da água que rodeia a estação de investigação e como ela afecta a química do solo desempenhará um papel importante na descrição do solo de uma forma que será útil para futuros investigadores. Uma análise do solo deve ter em conta a química aquosa a fim de representar uma imagem precisa do perfil do solo. As implicações de reacções passadas e potenciais futuras terão de ser tidas em conta nas conclusões e recomendações finais.

O intercâmbio catiónico desempenha um papel importante em muitas reacções químicas que têm lugar no solo. A facilidade com que os iões são adsorvidos e libertados formam superfícies coloidais é uma questão complexa que depende da natureza do ião permutador. A sua valência e o seu raio iónico são dois dos factores mais importantes na troca catiónica. A troca catiónica controla tanto a retenção de fertilizante adicionado como a capacidade do solo de resistir às mudanças da adição de materiais externos[12] . A troca catiónica é um elemento importante das muitas reacções que ocorrem no solo. Uma das mais importantes que envolve a troca de iões é a fixação de K^+ e NH_4 por colóides de argila. A retenção de aniões fosfatos por óxidos hidratados é outra reacção que se enquadra nesta categoria[13] . Estas reacções são necessárias para que a planta seja capaz de absorver e utilizar estes nutrientes importantes. Não só é necessário que quantidades suficientes de nutrientes estejam presentes no solo, como também devem existir numa forma que a planta possa absorver e utilizar. As reacções de troca iónica desempenham um papel importante na capacidade de tornar os nutrientes numa forma que as plantas possam utilizar.

O pH do solo é um dos elementos mais importantes da química do solo e das plantas. O pH do solo é utilizado para descrever a acidez ou alcalinidade do solo. O pH do solo afecta várias reacções químicas e processos que são essenciais, tais como a taxa de envelhecimento dos minerais[14] . Os minerais dissolvem-se muito mais rapidamente num pH ácido do que num pH neutro. A dissolução de minerais é necessária para que estes possam ser absorvidos pelas plantas.

Os solos ácidos estão preocupados com a química do Al e dos minerais que contêm Al. Os solos alcalinos são dominados pela química de Na^+ , CO_3, e Ca^{++}[15] . Há muitas outras reacções que favorecem uma certa gama de pH. O pH do solo prepara o terreno para o domínio de certas reacções sobre outras. Em termos de nutrição vegetal, os efeitos do pH são importantes de compreender, pois um mineral ou nutriente vegetal pode estar presente, mas se o pH do solo circundante não favorecer as reacções necessárias, a planta pode não ser capaz de o utilizar. Isto tem o mesmo efeito como se o nutriente não estivesse de todo presente.

O pH do solo é também importante para a função dos microrganismos. Como discutimos anteriormente, os microrganismos são importantes para a decomposição dos materiais, para que possam ser reciclados pelas plantas[16] . Os microrganismos são sensoriais ao pH e as várias espécies preferem todas um certo pH. Alguns têm maiores tolerâncias do que outros e podem sobreviver e funcionar numa gama mais ampla de limites de pH. Contudo, outros só são capazes de prosperar e funcionar numa gama específica de pH. A mineralização do solo e o crescimento de microrganismos úteis são duas das razões mais importantes para a importância de medir e compreender os efeitos do pH do solo no crescimento e produção das plantas.

A compreensão do pH do solo de uma determinada área é uma ferramenta importante no mapeamento de dados para a produtividade do solo. A manutenção de um pH adequado do solo é essencial para o crescimento e produção de plantas, bem como em actividades de investigação. Um pH inadequado pode ser um factor limitador da capacidade das plantas de absorver e utilizar os nutrientes do ambiente no solo circundante. Pode também favorecer a absorção excessiva de certos nutrientes, criando um desequilíbrio ou possível estado de doença na planta. O mesmo pode ser dito da importância do pH do solo e do crescimento de microrganismos. A importância do pH do solo não pode ser subestimada na produção de culturas ou no laboratório de investigação.

As reacções de oxidação-redução são outro factor importante na capacidade das plantas de absorverem os nutrientes do solo. As reacções de oxidação-redução afectam a química do Fe, Mn, N, e S. Os solos são mais favoráveis a estas reacções do que os solos secos. Por exemplo, os solos cintilantes tendem a favorecer estas reacções devido à reduzida difusão de O_2 no solo circundante. O O_2 permanece concentrado, levando ao metabolismo anaeróbico dos microrganismos. As plantas são mais propensas a morrer em solos húmidos, devido aos efeitos tóxicos do Mn^{2+} na solução do solo[17] . Isto traduz-se numa necessidade de manter uma humidade adequada do solo através do equilíbrio adequado da irrigação e drenagem para manter a saúde das plantas.

Demasiada humidade pode ser tão prejudicial como não suficiente devido ao aumento da concentração de O_2 , redução do crescimento de microrganismos, e a superabundância em certas reacções químicas. Demasiada água pode resultar no aumento de reacções químicas que em circunstâncias normais podem ser benéficas, mas um aumento excessivo das mesmas pode levar à presença excessiva de um determinado nutriente. As reacções químicas no solo podem ser limitadas através da limitação de um dos reagentes necessários e por diluição por excesso de água. São possíveis muitos cenários diferentes que podem afectar o crescimento das plantas, quer de forma negativa, quer positiva.

Esta secção da revisão da literatura explorou as reacções químicas básicas que dominam a capacidade da planta para desempenhar funções de crescimento e reprodução. Todos estes processos químicos básicos são necessários na capacidade da planta de obter e utilizar nutrientes. Desempenham um papel na transformação dos nutrientes numa forma que a planta possa absorver e utilizar. Desempenham também um papel na mudança do solo para o tornar mais ou menos adequado ao crescimento da planta no futuro. Há muitos tipos de reacções que desempenham um papel na saúde das plantas. Muitos reagentes diferentes limitam ou melhoram o crescimento das plantas. As necessidades vegetais variam consoante as espécies e serão afectadas por estas reacções de diferentes formas. A compreensão das necessidades das plantas, os níveis de nutrientes já presentes no solo, e as várias condições que afectarão a capacidade das plantas de utilizar estes nutrientes, desempenham um papel na produção de plantas e na investigação futura destas culturas.

Fertilidade do Solo e Produtividade das Culturas

O objectivo deste estudo é examinar e descrever o solo e as medidas da sua fertilidade no ICRISAT, Estação de Pesquisa Sadore. O objectivo principal é ajudar os futuros investigadores a eliminar potenciais variáveis que possam afectar os resultados dos seus estudos. No entanto, o foco desta investigação vai muito além dos limites do laboratório de investigação. O objectivo final do estudo é ajudar os agricultores a aumentar a produção de culturas através da melhoria do material vegetal e das condições do solo que essas plantas favorecem. O aumento da produção agrícola através de uma investigação mais válida será o objectivo final deste estudo.

Em geral, todos os sistemas de produção agrícola do mundo podem ser classificados em métodos de produção convencionais ou orgânicos. Estes dois sistemas têm efeitos diferentes tanto nos produtos que produzem como na fertilidade do solo, tanto no presente como na produção futura na exploração agrícola. Os sistemas agrícolas convencionais utilizam produtos comprados para melhorar a fertilidade do solo. São espalhados no solo ou pré-produção, durante a produção, ou pós-produção, dependendo do aditivo ou das necessidades das plantas. A produção biológica difere não só nos tipos de insumos, mas também nas práticas de gestão do solo que são empregues.

O objectivo de ambos os tipos de sistemas de produção de culturas depende do conhecimento da actual química do solo e de como a manter no futuro. Com os sistemas convencionais, o solo é testado e é utilizada uma análise química para determinar os tipos de insumos necessários para restaurar o que foi perdido durante a época de produção. Com o sistema orgânico de produção, os testes do solo são realizados e analisados. As deficiências podem ser ajustadas através da adição de inputs certificados organicamente que são espalhados de forma semelhante à produção de culturas convencionais, sendo a única diferença o tipo de aditivo utilizado. Os sistemas de produção biológica podem também utilizar culturas de cobertura que são lavradas e autorizadas a decompor-se utilizando processos naturais para restaurar a fertilidade do solo, ou através da rotação de culturas que depende de um conhecimento extensivo das entradas e saídas das plantas.

A construção e manutenção da fertilidade do solo em sistemas de produção biológica requer sistemas extensivos de planeamento e gestão. A manutenção da fertilidade do solo num sistema orgânico é uma consideração especial tanto em termos de produção de culturas como de investigação. O tema dos métodos de produção biológica exige uma atenção extra em termos de investigação no ICRISAT, Estação de Pesquisa Sadore, como práticas orgânicas, na medida em que se relacionam com o desenvolvimento de um conhecimento de trabalho sobre como afectam as propriedades do solo.

A ênfase nos métodos de produção biológica é colocada nos processos biológicos que afectam a fertilidade do solo. Os processos biológicos levam muito mais tempo do que os processos químicos para criar a fertilidade do solo. No entanto, os resultados desta lenta acumulação de nutrientes do solo também resultam em fertilidade a longo prazo, em oposição a um enfoque nos nutrientes que devem ser substituídos todos os anos e com cada nova cultura. O foco dos métodos de agricultura biológica está na gestão a longo prazo do solo e do ambiente para proporcionar o melhor ambiente para as culturas que pretendem cultivar. Estas práticas incluem testes do solo e testes de nível de suficiência de nutrientes. Também incluem a gestão de nutrientes, tais como a adição de estrume, composto e leguminosas. Incluem também a utilização de nutrientes comerciais aprovados organicamente, tais como cal, pó mineral, humante, e por produtos de outros processos de produção vegetal e animal[18] .

De um ponto de vista analítico, a gestão da quinta biológica não é muito diferente da gestão de uma quinta convencional. As principais diferenças são as quantidades e os tipos de suplementos nutricionais que são adicionados ao solo. As propriedades naturais do solo são utilizadas para determinar a correcta ciclagem dos nutrientes e a sua aplicação.

O intercâmbio catiónico é essencial para a capacidade de melhorar a nutrição do solo. Os catiões, nutrientes com carga positiva como Ca, K, e Mg, são essenciais para o crescimento saudável das plantas. A adição de matéria orgânica ao solo aumenta a quantidade de partículas carregadas negativamente nos solos. Isto aumenta a carga eléctrica negativa no solo, o que aumenta a sua capacidade de atrair partículas com carga positiva que as plantas necessitam[19] . As pilhas de composto actuam como colectores de nutrientes com carga positiva.

A agricultura biológica também depende da gestão do pH do solo. Como descobrimos, o pH do solo aumenta ou diminui a capacidade do solo para disponibilizar nutrientes às plantas. Um pH de 6,5 limita a disponibilidade de nutrientes potencialmente nocivos, tais como o zinco e o cobre. Estes nutrientes têm tendência a acumular-se nos campos através da presença de estrume animal. Os estrumes de animais são uma importante fonte de azoto, mas também têm tendência a acumular substâncias tóxicas[20] . A manutenção de um pH do solo de 6,5 pode permitir que as plantas beneficiem do azoto adicional, mas limita a sua capacidade de absorver e utilizar níveis tóxicos de zinco e cobre. Este é apenas um exemplo de como o pH do solo pode ser utilizado para limitar e controlar os processos químicos no solo.

A agricultura biológica depende fortemente de microrganismos para manter a fertilidade do solo através do ciclo de nutrientes. Como já descobrimos, os microrganismos são altamente dependentes do pH para a sua sobrevivência e capacidade de desempenhar as suas importantes tarefas. A gestão do pH do solo é essencial para o sucesso a longo prazo dos métodos de agricultura biológica. O objectivo da agricultura biológica é criar um solo que tenha uma boa inclinação. A inclinação refere-se a um solo que tem boa infiltração e drenagem da água. São fáceis de trabalhar e maximizam a capacidade de excretar os produtos químicos que ligam o solo[21] .

Quer o agricultor pretenda utilizar métodos convencionais ou orgânicos na sua prática agrícola, deve tomar medidas para ajustar o pH do seu solo. A amostragem e os testes do solo podem ajudar o agricultor a evitar o ajustamento excessivo do solo. Embora seja importante garantir que o solo tem nutrientes suficientes para apoiar o crescimento e produção das plantas, é também importante evitar a aplicação de demasiados nutrientes no solo. Adicionar demasiados nutrientes ao solo através da aplicação excessiva de aditivos nutricionais no solo cria o potencial de nutrientes extra que não são necessários às plantas para lixiviar para os cursos de água, criando escoamento agrícola para os abastecimentos de água locais[22] . Isto pode ser prejudicial para os animais e humanos que consomem a água. Os testes do solo ajudam a atingir o nível correcto de nutrientes no solo, assegurando que a planta tem nutrientes suficientes para o seu crescimento e ajudando a eliminar o escorrimento da exploração agrícola. Isto é tão importante para a estação de investigação como para a quinta de produção. Os resultados deste estudo ajudarão os investigadores a ajustar os níveis de nutrientes no solo para evitar quer a insuficiência quer o excesso de nutrientes.

Utilização dos resultados dos testes do solo

A esta altura, a importância dos testes do solo já deveria ser evidente. No entanto, não é suficiente ter simplesmente os resultados. É preciso saber como utilizar estes resultados de modo a tirar o máximo partido destes conhecimentos. O seguinte explorará como aplicar os resultados dos testes do solo para alcançar a máxima produtividade e crescimento das plantas.

O conceito de nível suficiente de fertilização refere-se à utilização de uma escala de classificação para determinar se o teor de nutrientes do solo é suficiente para satisfazer as expectativas de rendimento. O teste do solo utilizado por muitos laboratórios relata valores de índice para os principais nutrientes do solo. O objectivo destes índices é garantir que o solo tem nutrientes suficientes para o crescimento das plantas, mas que não contém excesso de nutrientes do solo[23] . Isto ajuda a prevenir a lixiviação e a perda de nutrientes. Para além dos potenciais danos ambientais decorrentes da lixiviação de nutrientes no solo, o excesso de aditivos também representa uma perda financeira líquida devido ao desperdício. O índice de suficiência ajuda a assegurar que todas estas necessidades são satisfeitas.

Dos testes realizados com este objectivo em mente, a capacidade de troca catiónica (CEC) fornece algumas das informações mais importantes sobre a capacidade do solo de conter nutrientes minerais e micronutrientes. Aqueles com valores baixos de CEC estão sujeitos a perdas de nutrientes mais rapidamente do que aqueles com uma CEC elevada.

A maioria dos laboratórios de testes nem sequer realizam testes de nitrogénio (N). A razão para tal é que os níveis de azoto podem mudar rapidamente em resposta às condições atmosféricas[24] . Não existe um índice de suficiência para N. As recomendações para N baseiam-se geralmente em dados históricos sobre os rendimentos de certas culturas em diferentes solos e em diferentes regiões do estado. Os rendimentos de N são baseados na observação histórica e na manutenção de registos. Além disso, se foram aplicados fertilizantes no ano anterior, tais como adubos verdes ou culturas de cobertura, estes terão um efeito sobre os futuros níveis de N no futuro. Estes montantes de e N crédito que devem ser subtraídos a fim de fornecer recomendações precisas sobre o solo[25] .

Utilizando o método da suficiência, as classificações do índice do solo podem ser utilizadas para calcular o número de lbs de nutrientes a aplicar a um acre de terra. A tabela seguinte representa as expectativas gerais sobre o rendimento das culturas para os valores de suficiência. As expectativas de rendimento apresentadas na tabela baseiam-se no rendimento potencial da cultura, assumindo as melhores condições de cultivo e as limitações das culturas.

Tabela 2: Valores de Suficiência de Nutrientes do Solo

Yield Value	Expectations	Recommendations
Very Low	Expect less than 50% of potential crop yield	A large portion of plant nutrition must come from additives
Low	Crop yields expected at 50-70% of potential	A portion of nutrient requirements must come from fertilization. Yields could be expected to increase if proper nutrient levels are added.
Medium	Expect 75-100% of crop yield potential	Crop yields can be increased with small amounts of nutrients added.
High	No yield increase can be expected if fertilizer is added. This crop yield is expected to be at maximum potential productivity.	No additional fertilizer is needed.
Very High	Yield is expected to be at maximum potential.	No fertilizer should be added to avoid potential environmental hazards and toxic levels of nutrients in plants.

Fonte de dados: Baldwin, K. (2006). Fertilidade do solo em quintas orgânicas. Centro de Sistemas Agrícolas Ambientais. Universidade Estatal da Carolina do Norte A & T e Departamento de Agricultura e Serviços ao Consumidor da Carolina do Norte.

Tomemos um exemplo e assumamos que queremos converter os valores do teste do solo P para lb/acre para efeitos de comparação. O teste do solo mostra um índice P de 30, 7% de Mg e um CEC de 5. Para converter para lb/acre:

Px2.138=P (lbs/acre), ou 30x2.138 = 64.14lbs/acre

Mg-% x CEC x2,166 = Mg, lb/acre ou 7x 5 x2,17 = 75,95 lb/acre

Fonte de dados: Baldwin, K. (2006).

Agora temos uma compreensão básica de como os valores do índice do solo se relacionam com a determinação das quantidades de entradas do solo que são necessárias. Compreender como as respostas das plantas com insuficiências específicas de nutrientes afectam o rendimento é uma parte importante do processo de produção. No entanto, é também um elemento importante para os investigadores. O objectivo desta investigação é desenvolver uma compreensão do perfil do solo do ICRISAT, Estação de Pesquisa da Sadore. Uma compreensão dos vários níveis de nutrientes no solo em vários locais de teste de investigação pode fornecer pistas sobre o crescimento e rendimento das plantas que são experimentadas em várias parcelas de teste nas instalações. Por exemplo, sabendo que a adição de K e P ao solo que tem uma classificação inicial de suficiência de meio, ajudará a melhorar a cultura apenas ligeiramente. A tabela seguinte explica os resultados esperados da adição de elementos analisados a vários níveis de teste do solo.

Table 3. Relationship between soil test index values and crop response						
Soil Test Index		**Expected Crop Response to Nutrient Application**				
Range	**Rating**	**P***	**K****	**Mn**	**Zn**	**Cu**
0-10	Very low	High	High	High	High	High
10-25	Low	High	High	High	High	High
26-50	Med	Low	Low	None	None	None
51-100	High	None	None	None	None	None
100+	Very High	None	None	None	None	None

*For soils in the ORG (organic) class, these are the ranges for P Ratings: Low, 0-16; Medium, 16-30; and High, 30+.

**Phosphate and potash recommendations above an index value of 50 are designed to replenish nutrients removed by crops and for building purposes.

Fonte de dados: Baldwin, K. (2006). Fertilidade do solo em quintas orgânicas. Centro de Sistemas Agrícolas Ambientais. North Carolina A&T State University e o Departamento de Agricultura e Serviços ao Consumidor da Carolina do Norte.

Como se pode ver, quando os valores do índice de teste do solo são muito baixos, a resposta esperada pela adição de fertilizantes é alta. No entanto, pouca resposta pode ser esperada quando os níveis do índice de teste do solo já são suficientes para apoiar o crescimento das plantas. Compreender a resposta esperada do material que é adicionado ao solo ajuda os investigadores a separar os resultados que resultaram das suas condições de teste, por oposição a um factor externo que resultou das condições ambientais do solo, ou da adição de fertilizantes ao solo. O índice de teste do solo para um pedaço de propriedade é um elemento importante na capacidade de isolar a variável dependente e independente num estudo de investigação.

O índice de teste do solo diz ao investigador ou agricultor quanto do que adicionar para alcançar os resultados máximos. Isto pressupõe que todos os nutrientes adicionados estão disponíveis para a planta. Se uma certa quantidade de fertilizante for adicionada ao solo, esta é espalhada a uma certa taxa por centímetro. No entanto, nem todo este nutriente estará disponível para a planta. O objectivo da análise laboratorial é aproximar o mais possível, as condições que realmente existem no campo. O índice P do solo representa a quantidade de nutriente que está disponível para a planta. A ideia é elevar o índice P de modo a que a maior parte do nutriente que foi aplicado esteja disponível para a planta. Os nutrientes que não estão disponíveis para a planta são inúteis para aumentar o rendimento da planta[26] . Muitas vezes, é necessária a adição de quilos extra de fertilizante acima do necessário pelo teste do índice de solo para atingir o desejável índice P para a cultura.

Até agora, temos discutido os contributos e a sua relação com o rendimento. No entanto, a colheita remove um certo valor nutritivo do solo. Este deve ser substituído antes de a próxima colheita ser plantada e produzida. As culturas que estão a ser cultivadas na estação ICRISAT incluem painço, feijão-frade e amendoim, assim como árvores de fruto, plantas hortícolas. Estas terão valores nutricionais diferentes dos listados no quadro acima, mas os exemplos apresentados dão uma ideia das quantidades e diferenças nas necessidades de remoção de nutrientes de várias plantas. Estes valores representam necessidades nutricionais que terão de ser substituídas para que o solo tenha nutrientes suficientes para crescer nas culturas do próximo ano.

As taxas de azoto são as mais difíceis de calcular, uma vez que muitas delas diferem de acordo com as condições meteorológicas e outras. Tipicamente, o azoto é aplicado de acordo com a cultura e o rendimento previsto dessa cultura. O seguinte representa a aplicação média recomendada de azoto para algumas culturas comuns, incluindo algumas das que são cultivadas na estação ICRISAT. Estas são médias e irão diferir de acordo com a região e as condições locais do solo.

Table 4. N fertilization rates based on realistic yield expectations (RYE) (Source: Hodges, 1998)	
Crop	**Suggested Nitrogen Application Rate**
Annual ryegrass (hay*)	40.0 to 50.0 lb N/dry ton
Bermudagrass (hay*)	40.0 to 50.0 lb N/dry ton
Corn (grain)	1.0 to 1.25 lb N/bu
Corn (silage)	10.0 to 12.0 lb N/ton
Cotton	0.06 to 0.12 lb N/lb lint
Millet (hay*)	45.0 to 55.0 lb N/dry ton
Oats (grain)	1.0 to 1.3 lb N/bu
Rye (grain)	1.7 to 2.4 lb N/bu
Small grains (hay*)	50.0 to 60.0 lb N/dry ton
Sorghum (grain)	1.5 to 2.0 lb N/cwt
Soybeans (in special cases)	3.8 to 4.0 lb N/bu
Tall fescue (hay*)	40.0 to 50.0 lb N/dry ton
Wheat (grain)	1.7 to 2.4 lb N/bu
*Annual maintenance guidelines. NRCS standards require that the nitrogen rate be reduced by 25 percent if fields are grazed.	

Fonte de dados: Baldwin, K. (2006). Fertilidade do solo em quintas orgânicas. Centro de Sistemas Agrícolas Ambientais. North Carolina A&T State University e o Departamento de Agricultura e Serviços ao Consumidor da Carolina do Norte.

Pode notar-se que os solos geridos organicamente muitas vezes não necessitam da elevada quantidade de azoto que é adicionada na agricultura convencional. A gestão de explorações agrícolas biológicas é concebida para produzir solos altamente férteis com elevadas quantidades de azoto vegetal disponível. As explorações agrícolas geridas organicamente têm uma reserva de azoto prontamente disponível para utilização pelas plantas. Esta reserva de azoto inclui a biomassa de microrganismos[27] . As aplicações de azoto no sistema orgânico incluem estrume verde, micróbios e outras adições que resultam numa libertação de azoto mais lenta do que os métodos agrícolas convencionais. Isto levanta um ponto importante no que diz respeito à investigação. O tipo de sistema agrícola a ser utilizado tem de ser tido em conta na interpretação dos resultados dos testes do solo e na sua aplicação no campo. Os campos orgânicos utilizam e têm um ciclo de nutrientes diferente do que a agricultura convencional. O tipo de sistema de agricultura a ser utilizado na estação ICRISAT precisa de ter este factor em conta também.

Metodologia de Teste e Interpretação do Solo

Como se pode ver, o tipo de actividade agrícola que será realizada na terra tem um impacto significativo na utilização dos resultados dos testes do solo e na sua interpretação. Contudo, as diferenças entre a agricultura biológica e convencional não são os únicos factores que afectam as amostras de solo e a interpretação dos seus resultados. A análise do solo nos Estados Unidos não é uma prática uniforme e existem muitas diferenças na análise, interpretação e recomendações que são derivadas dos resultados. As diferenças nestes três processos podem ser uma fonte de grande confusão tanto entre agricultores como entre investigadores.

A análise do solo e os procedimentos de recolha de amostras de solo diferem de acordo com o clima, o material de origem do solo, os vários nutrientes no solo e os tipos de culturas cultivadas em cada região. Por este motivo, os testes do solo são calibrados para a interpretação dos resultados e a partilha ou informação entre diferentes regiões e estados[28] . Existem muitos métodos diferentes para calibrar os resultados dos testes do solo de diferentes laboratórios e diferentes esquemas de testes.

Muitos dos testes que são utilizados hoje em dia nos testes do solo foram desenvolvidos para certas condições do solo, culturas, climas, ou outras condições. Por exemplo, existem muitos testes diferentes para o nível de fósforo. O teste Olsen Fósforo foi desenvolvido para utilização em solos alcalinos. O teste de fósforo Bray foi desenvolvido para utilização em solos ligeiramente ácidos a neutros e em solos que contêm matéria orgânica elevada[29] . Existem muitos outros testes para o fósforo que são específicos para diferentes tipos de solos e condições. Se estes testes forem realizados em solos ou em condições diferentes das condições originais para as quais foram concebidos, a interpretação e recomendações derivadas dos resultados podem estar em erro. Para que um teste de solo seja válido e adequado para um determinado tipo de solo, as condições do teste devem ser semelhantes às do original. Isto torna o exame das condições do teste original essencial na capacidade de escolher o teste adequado e de aplicar os resultados.

O estabelecimento de níveis críticos de nutrientes para cada cultura desempenha um papel central nas recomendações que são feitas a partir de testes do solo. Os procedimentos analíticos e a confiança em dados históricos sobre uma região específica são essenciais para o desenvolvimento de recomendações adequadas para essa região. Agora, examinemos alguns dos índices críticos que foram desenvolvidos para várias normas e culturas.

Verificou-se que o efeito do pH tinha um efeito dramático nas reacções químicas no solo, na disponibilidade de nutrientes do solo para a planta, e no crescimento das plantas. O quadro seguinte resume esse efeito do pH e os efeitos esperados sobre as plantas.

Quadro5. Descrição da reacção do solo, gama de pH e resposta normal da cultura

Soil Reaction Description	pH Range	Normal Crop Response
Extremely acid	Below 4.5	Very Poor*
Very strongly acid	4.5-5.0	Poor*
Strongly acid	5.1-5.5	Moderately good
Medium acid	5.6-6.0	Good
Slightly acid	6.1-6.5	Very good
Neutral	6.6-7.3	Very good
Mildly alkaline	7.4-7.8	Moderately good**
Moderately alkaline	7.9-8.4	Poor**
Strongly alkaline	8.5-9.0	Very good**
Very strongly alkaline	Above 9.0	Few grow

* Blueberry, Cranberry, Azalea, Rhododendron, e outras plantas amantes de ácidos são excepções.
**Os micronutrientes tornam-se o principal factor limitativo

Fonte de dados: Hoskins, B. (1997). Manual de Testes de Solo para Profissionais da Agricultura, Horticultura, Nutrição e Gestão de Resíduos. Serviço Principal de Testes de Solo. Terceira Edição. P. 14.

A capacidade de analisar, interpretar e utilizar dados de testes do solo é uma questão complexa. O que se segue examinará uma maior interpretação dos resultados e implicações dos testes do solo. A calibração é uma parte importante da realização de testes válidos do solo. A calibração de campo desempenha um papel importante neste elemento de testes. A calibração envolve a comparação de parcelas fertilizadas e não fertilizadas para mapear a resposta da produção vegetal. Os rendimentos destas parcelas são comparados para se obter evidência de um aumento significativo para o campo fertilizado. Esta abordagem não tem em conta vários efeitos ambientais que possam limitar o rendimento[30] .

Na recolha de amostras, a profundidade do solo pode ter um efeito sobre a análise. Alguns elementos são móveis e outros relativamente imóveis. Por exemplo, a cal é aplicada no solo superior e não se desloca para baixo para satisfazer as necessidades das culturas. No entanto, o solo superficial pode ser elevado em P devido à recuperação imparcial todos os anos[31] . A maioria dos testes do solo concentram-se na descrição dos solos de acordo com as suas propriedades químicas. Contudo, os solos também podem ser descritos de acordo com as suas características físicas e classificados em grupos de acordo com a sua dimensão de partículas. O seguinte descreve as classificações mais comuns do solo de acordo com a dimensão das partículas.

Quadro 6. Algumas propriedades físicas das principais classes de textura do solo

Texture class	Size (mm)	Number of particles per gram	Specific surface area(cm2/g)
Coarse sand	2.0-0.2	5 x 102	20
Fine sand	0.2-0.02	5 x 105	200
Silt	0.02-0.002	5 x 108	2,000
Clay	< 0.002	5 x 1011	20,000 (2 m^2)

Fonte de dados: Hamza, M. (2008). Compreender a Análise do Solo. Relatório Técnico de Gestão de Recursos 327. Departamento de Agricultura e Alimentação. Autoridade da Agricultura da Austrália Ocidental.

Estas classificações principais do solo reflectem as percentagens de diferentes tamanhos de partículas que estão presentes. Na maioria dos casos, estão presentes no solo vários tipos diferentes de tamanhos de partícula. Dentro destes diferentes tipos de solo, existem vários subtipos diferentes. Por exemplo, a argila silicato tem diferentes configurações moleculares que a fazem ter certas características e reagir de certa forma com vários nutrientes vegetais[32] . Os diferentes tipos de solo também têm diferentes características de compactação. Nos solos que têm tendência para se compactarem fortemente, as raízes das plantas têm dificuldade em espalhar as raízes. Em solos não compactados, as raízes das plantas poderão espalhar-se para baixo para absorver mais nutrientes e água, aumentando a saúde e o vigor geral das plantas.

O tipo de solo também tem um impacto no tipo de fertilizante que deve ser aplicado. Por exemplo, para solos que necessitam de cálcio, estão disponíveis três formas primárias. Estas são gipsita, cal e dolomite. A escolha da forma adequada para a introdução do cálcio no solo depende das características do solo em termos de características físicas e químicas[33] .

Os tipos de solo e as características químicas não são homogéneos em toda uma área. O solo pode passar da areia para a argila para o lodo numa questão de vários pés. Além disso, o solo muda de acordo com as plantas que estão presentes, o pH pode mudar, assim como o azoto e outros nutrientes. Todos estes factores trabalham em conjunto para influenciar a quantidade de nutrientes que estão disponíveis para as plantas. A disponibilidade de nutrientes para as plantas é tão importante como ter um fornecimento suficiente. Se as plantas não puderem utilizar os nutrientes devido à sua proximidade, ou devido à sua existência numa a partir da qual as plantas não possam utilizar, torna inútil a aplicação de fertilizantes. As plantas devem ter a nutrição adequada, e devem ser capazes de os utilizar,

ICRISATCulturas de Pesquisa

A investigação do ICRISAT concentra-se num número limitado de projectos de investigação de culturas. As culturas de concentração primária são as consideradas importantes económica e nutricionalmente na sua capacidade de controlar a fome numa vasta área do globo. A seguir serão exploradas as principais culturas em investigação na estação e as suas características-chave. É importante compreender as plantas que são as principais culturas de investigação que serão o resultado final deste estudo de investigação através da assistência a futuros investigadores na área.

As culturas de mandato sob o programa ICRISAT são grão de bico, grão de bico, amendoim, painço de pérola, sorgo, e pequenos painços. As principais culturas sob investigação na Estação de Pesquisa da Sadore são a produção de painço, feijão-frade e amendoim. Além disso, a investigação é também realizada em árvores de fruto e plantas hortícolas. No entanto, qualquer das outras plantas sob mandato do ICRISAT são potenciais perspectivas de investigação para o futuro, portanto, serão também discutidas. O seguinte examina brevemente as principais plantas em estudo na estação de investigação do ICRISAT.

O grão de bico (Cicer arietinum L) é a segunda cultura no mundo em termos de área de produção e ocupa o terceiro lugar entre as leguminosas em termos de produção global[34] . As suas sementes ricas em proteínas são a chave para a sua popularidade como cultura alimentar de importância. Ocorrem quatro grandes áreas de diversidade vegetal. São elas o Mediterrâneo, a Ásia Central, o Próximo Oriente e a Índia. O grão de bico é auto-polinizante e diplóide na natureza. É considerado como a terceira leguminosa mais importante do mundo. A produtividade devido à investigação sobre a melhoria genética do grão de bico e métodos de cultivo resultou num aumento da produção média de 603 kg/ha para 786 kg/ha[35] .

A ervilha-de-pombos é outra fonte chave de proteína que é cultivada principalmente na Índia. É também como combustível de madeira e para fazer palha para telhados, vedações e cabanas. Não é uma cultura chave de preocupação na estação da Sadore devido às suas exigências climáticas. O sorgo é outra cultura-chave em investigação e é uma cultura importante para África. É um grão que é utilizado principalmente para cereais. É cultivado no Níger, mas ainda não se tornou uma cultura chave de interesse no ICRISAT. Contudo, pode vir a ser uma cultura de interesse no futuro.

O amendoim é uma cultura importante em investigação na estação ICRISAT. Grande parte da produção mundial de amendoim é utilizada para a extracção de petróleo, mas também é consumida como alimento. Muitas partes do amendoim são utilizadas. É utilizado como alimentação animal, as cascas são queimadas como combustível, e é utilizado para fazer placas de partículas e os rebentos são utilizados como forragens[36] . A Ásia é um produtor mais importante de amendoins. É auto-polinizado e tem uma importância chave nas nações em desenvolvimento. Áreas-chave de investigação na produção de amendoins concentraram-se no desenvolvimento de estirpes que melhoraram as épocas de cultivo prolongadas, melhoraram a resistência à murcha bacteriana, a tolerância à seca, e o cultivo na Primavera em áreas que o toleram. Cinco variedades de amendoim adaptaram-se ao Níger e constituem 13% da área cultivada na região de Dosso, Maradi, e Zinder[37] . De acordo com o ICRISAT, os agricultores que utilizam variedades melhoradas resultantes da investigação, podem esperar aumentos no rendimento de 43% no Níger[38] .

O painço de pérolas e outros pequenos painços estão em estudo na estação ICRISAT. Leitão de pérola

é a cultura mais dura do mundo, capaz de suportar os solos mais pobres e mais secos. Isto torna-a uma combinação perfeita para as regiões mais secas e quentes do mundo, tais como a Estação Sadore[39] . É um alimento básico dos que se encontram nas regiões mais secas de África e Ásia. É também utilizada como alimento e forragem noutras partes do mundo. Os painés são polinizadores cruzados. A investigação sobre o painço de pérolas e outros painços tem-se concentrado no desenvolvimento de híbridos com maior produtividade e resistência ao míldio. A investigação do ICRISAT tem sido uma contribuição chave para estas melhorias.

Esta informação ajuda a colocar o actual projecto de investigação em perspectiva. Como se pode ver, a investigação no ICRISAT, Estação Sadore e outras estações do ICRISAT em todo o mundo levaram a um aumento da produção e resistência às doenças em culturas que são importantes produtos de base em todo o mundo. É essencial que esta investigação tenha os dados mais válidos sobre os quais basear os seus resultados. Esta investigação irá ajudar a melhorar a qualidade destas importantes culturas alimentares.

Estudos prévios noICRISAT

Um exame dos estudos realizados no ICRISAT, Estação Sadore, no passado, revelou que os níveis de fertilização e adições ao solo eram feitos com base nas necessidades vegetais, mas que não tomavam em consideração os níveis de nutrição do solo ambiente. A fim de compreender plenamente, a importância e implicações deste estudo e como se enquadra no esquema de investigação futura, iremos examinar alguns dos estudos anteriores e as metodologias utilizadas para avaliar o nível de nutrientes e determinar os níveis de fertilização. Examinará apenas a investigação recente na estação.

Desde 2006, foram realizados aproximadamente 1.005 estudos de investigação no ICRISAT sobre as culturas primárias que estão a ser cultivadas. Os textos completos destes artigos estão disponíveis em infoSat, uma biblioteca de investigação conduzida em sítios de investigação do ICRISAT. Esta foi a única base de dados utilizada para esta parte da revisão bibliográfica, uma vez que reflecte a colecção mais abrangente de periódicos da investigação doICRISAT existente.

Um exame de 40 artigos de revistas académicas e profissionais de estudos realizados no ICRISAT, estação Sadore entre 2006 e 2011, revelou que apenas um número muito reduzido deles continha informações recentes sobre as condições ambientais do solo na estação. Verificou-se que a maioria dos artigos examinados nesta revisão bibliográfica utilizavam dados antigos, por vezes tão antigos como 30 anos antes da investigação, ou não mencionavam de todo dados anteriores sobre testes do solo. Para muitos dos artigos, não foi possível determinar se utilizaram níveis adequados de fertilização, uma vez que os níveis de nutrientes do solo ambiente não foram contabilizados nos seus cálculos.

Isto coloca a validade da literatura revista em questão. Uma lista dos artigos revistos para esta análise pode ser encontrada nas referências bibliográficas. Esta parte da análise da literatura apoia as suposições da proposta de que os dados actuais precisam de estar disponíveis para futuros investigadores, a fim de assegurar a validade da investigação futura na estação.

Conclusão

Este capítulo discutiu os princípios básicos e testes utilizados para determinar a fertilidade do solo no que diz respeito a assegurar uma nutrição adequada do solo para atingir o rendimento máximo das plantas. A literatura sobre este tópico tem milhares de fontes credíveis disponíveis. Muitas delas contêm a mesma informação, particularmente no que diz respeito aos princípios básicos da nutrição do solo e aos seus efeitos no crescimento das plantas. Muitos dos artigos académicos encontrados abordaram um problema particular numa determinada região e em condições de solo específicas. Alguns dos artigos de investigação abordavam culturas particulares que não faziam parte deste estudo de investigação.

Seria possível continuar com os resultados de vários estudos que não estavam relacionados com a investigação em questão, mas que não seriam benéficos para o tema de investigação a ser tratado. Alguns princípios gerais são úteis para todos os testes de solo e avaliações nutricionais de plantas, mas na sua maioria, apenas estudos que foram realizados sobre esse tipo específico de solo, nessa região específica, e para o tipo específico de cultura que está a ser cultivada.

A falta de investigação sobre o tipo de solo, e nutrição vegetal disponível num local específico, é a lacuna na literatura que está a ser preenchida por este estudo de investigação. O estudo irá realizar esta avaliação básica do solo para o ICRISAT, Estação de Pesquisa da Sadore. Concentrar-se-á nas culturas primárias e nos níveis nutricionais necessários para estes tipos particulares de culturas. Abordará questões relativas aos níveis básicos de nutrientes e às necessidades de painço, feijão-frade e amendoim, bem como árvores de fruto, plantas hortícolas. Estas plantas constituem as principais culturas cultivadas para investigação no ICRISAT, Estação de Investigação da Sadore. Seria possível lançar em volumes extensos, citando milhares de fontes que não estão relacionadas com o trabalho que está a ser realizado como parte desta investigação, mas isto só produziria um corpo de trabalho que estava relacionado com a ciência do solo em geral, que é uma área temática consideravelmente ampla.

A fim de produzir um corpo de trabalho que seja relevante para o tema da investigação e que preencha a lacuna de conhecimentos sobre o trabalho no ICRISAT, Estação de Investigação Sadore, é necessário primeiro realizar análises. Isto pode parecer, a princípio, uma abordagem bastante retrógrada do problema e não a forma típica de preparação de uma tese. Contudo, devido à generalidade e diversidade na amostragem do solo, métodos de análise, e métodos de aplicação dos resultados da investigação, é necessário saber primeiro que tipo de condições do solo, culturas e condições climáticas existem no local em questão, a fim de compreender como aplicar os conhecimentos adquiridos.

Neste caso, os conhecimentos gerais obtidos através da revisão bibliográfica não serão suficientes para fornecer os antecedentes necessários para compreender como aplicar a informação encontrada neste estudo de investigação. A fim de saber que conhecimentos são necessários, deve ser conhecida uma compreensão básica da caracterização do solo no ICRISAT, Estação de Pesquisa da Sadore. Isto só pode ser conseguido através de análises laboratoriais. Após a sua conclusão, poderá então ser pesquisada literatura mais específica que se aplique às condições deste sítio. Portanto, será acrescentada literatura adicional na secção de discussão do estudo, uma vez que se aplica às condições específicas do solo que são encontradas através da análise.

A secção Metodologia utilizará uma abordagem semelhante de estreitamento do tratamento dos dados. A metodologia discutirá apenas os métodos que foram aplicados aos requisitos específicos do local em questão. Como encontramos na revisão bibliográfica, existem muitas técnicas diferentes para analisar o conteúdo de nutrientes do solo em diferentes locais. Portanto, o lançamento numa análise extensiva dos méritos destas várias técnicas produziria apenas volumes de páginas que não se relacionam com as questões em estudo neste projecto de investigação. A secção Metodologia abordará apenas os métodos particulares que foram utilizados na análise das amostras recolhidas no ICRISAT, Estação de Pesquisa Sadore.

A ciência do solo é importante para a melhoria da produtividade e rendimento das plantas. Esta área temática geral produziu demasiada informação para ser útil em conjunto, É necessário que o investigador se concentre apenas naquilo que diz respeito às condições específicas do solo no seu local. É necessária alguma investigação preliminar a fim de determinar quais as informações que dizem respeito às condições específicas do local. Estas condições serão explicadas de forma mais detalhada na secção Metodologia do estudo.

Capítulo 3

Metodologia

O objectivo deste estudo de investigação é examinar as condições do solo no Centro Sahelian do ICRISAT, localizado em Sadore, no Níger. É um local com 500 hectares, num dos climas mais quentes do mundo. O local é considerado extremamente árido e quente. O clima afecta a migração e as reacções químicas dos produtos químicos na área, particularmente a quantidade de precipitação. Os métodos utilizados serão adequados para análises neste tipo de ambiente climático. Esta informação ajudará os futuros investigadores a compreender como os diferentes tipos de solo e níveis de nutrientes ambientais afectam os resultados da sua investigação. Ajudará também a determinar os níveis adequados de nutrientes.

Desenho de investigação

Foram recolhidas amostras de solo e o Laboratório de Serviços Analíticos do ICRISAT Niamey foi utilizado para realizar a análise das amostras recolhidas nos vários locais de investigação. Foram realizadas as seguintes análises de nutrientes do solo para as pocilgas.

- Condutibilidade eléctrica ($EC_{2.5}$)
- pH-H_2 O(l:2.5)
- pH-KCl(l:2,5)
- Carbono Orgânico
- Nitrogénio total
- Nitrogénio disponível (NH_4^+ N)
- Nitrogénio disponível (NO_3^- N)
- Disponível P (método Bray l)
- P disponível (P solúvel em água)
- Disponível P (P-Mehlich)
- Total-P
- Total-K
- Total-Na
- Total-Ca
- Total-Mg
- Acidez permutável (H^+ & Al $)^{3+}$
- Bases Permutáveis (Na^+, K^+, Ca^{2+} & Mg $)^{2+}$
- Capacidade de troca catiónica (CEC)
- Micronutrientes extraíveis DPTA (Cu, Fe, Mn & Zn)

- Análise granulométrica (Areia, fenda e argila)

A composição deste conjunto de testes representa os elementos mais importantes da nutrição do solo em termos de crescimento das plantas. Este conjunto de amostras informará os investigadores dos níveis necessários para calcular os factores críticos de crescimento das plantas e ajudá-los-á a calcular os níveis adequados de fertilização e aplicações para as suas espécies vegetais específicas. A seguir serão examinadas estas análises e a sua importância na concepção da investigação.

As amostras de solo serão preparadas por secagem e esmagamento antes de serem analisadas, de acordo com os protocolos e procedimentos do Laboratório Analítico do ICRISAT. As amostras húmidas serão secas ao ar durante uma semana e depois trituradas e peneiradas de modo a passarem a 100% através de uma peneira de teste padronizada de 2mm. Se a análise de metais for realizada, as amostras serão passadas através de uma peneira de plástico para assegurar que os metais não são adicionados através do método de preparação de amostras. Se for realizada uma análise de amónio, as amostras serão congeladas e depois analisadas sem os procedimentos padrão de secagem antes da análise.

Nitrogénio mineral (nitrato de amónio e nitrito) usando o método de Kjeldahl. O nitrogénio inorgânico estará presente principalmente como NO_2 , e iões de amónio (NH_4^+). O método de extracção é a principal característica distintiva do método Kjedahl. Neste método, os solos congelados são triturados e extraídos por agitação com KCl. O extracto é então analisado utilizando um analisador de fluxo rápido Alpkem. Este método faz com que o amónio reaja com o salicilato na presença de hipoclorito, um agente oxidante, e nitroprussiato, um catalisador. Isto forma um extracto de cor verde esmeralda. Tanto o nitrato como o nitrito são analisados utilizando o mesmo método de extracção. O azoto total será analisado utilizando o $H_2 SO_4$ -Ácido Salicílico-H O_{22} e o método do Selénio. O nitrogénio total é frequentemente um elemento que não é analisado, mas que pode ter um impacto significativo no crescimento das plantas. A análise do nitrogénio é muitas vezes demorada e os níveis de azoto mudam rapidamente sob várias condições climáticas e do solo. Por conseguinte, muitos investigadores trabalham sob o pressuposto de que é melhor ter muito do que pouco. No entanto, como descobrimos na revisão bibliográfica, isto cria o potencial de escorrimento agrícola e as culturas podem falhar devido a demasiado nitrogénio tão facilmente como podem falhar devido a muito pouco A resposta a este dilema é desenvolver um método laboratorial rápido para determinar o nitrogénio que é rápido e pode fornecer resultados rápidos e baratos.

O método utilizado para a análise do Nitrogénio Total neste estudo de investigação fornece um método deste tipo. A digestão da amostra utilizando este método também pode ser utilizada para a determinação do Total P e elementos metálicos que possam estar presentes no solo, tais como Ca, Ma, Cu, Na, Fe, Zn, Al, Cd, e outros. Usando este método analítico, a matéria orgânica é digerida por oxidação usando peróxido de hidrogénio a baixa temperatura. Imita o processo natural de decomposição e resulta na evaporação da água da amostra. A digestão é então completada com a adição de ácido sulfúrico concentrado a uma temperatura elevada. Se é utilizado como um catalisador neste processo. O ácido salicílico é adicionado para evitar a perda de Nitrato N. As amostras são ajustadas a um pH entre 5 e 9, utilizando hidróxido de sódio. A análise colorimétrica é utilizada para a determinação do N total usando este método. Este método também utiliza uma cor verde esmeralda para medir a quantidade de N na amostra. Este procedimento laboratorial é realizado utilizando o autoanalisador TECHNICON AAII ajustado a um comprimento de onda de 660 nm.

A determinação da Matéria Orgânica Total e do Carbono Total é determinada neste estudo de investigação utilizando o método Walkley-Black. Neste método, $H_2 SO_4$ é adicionado a uma solução aquosa de solo IN $K_2 Cr O_{27}$. Esta reacção cria calor suficiente para oxidar rapidamente a matéria orgânica. Após 30 minutos, o resíduo de $K_2 Cr O_{27}$ é titulado contra uma solução de 0,5N $FeSO_4$. O carbono orgânico total e a matéria orgânica total são calculados a partir desta titulação através da perda da matéria orgânica.

Como foi discutido na revisão da literatura, o pH é um dos testes descritivos mais importantes, pois tem um efeito sobre muitas reacções químicas dentro do solo, a disponibilidade de certos nutrientes para a planta e o crescimento de microrganismos. A determinação do pH $H_2 O$ e pH KCl são medidos potenciometricamente na suspensão apropriada, quer KCl e água ou apenas água. O pH é medido com um medidor de pH após mistura num agitador magnético durante 30 minutos para ganhar equilíbrio na amostra. Os eléctrodos de referência são calibrados a um pH de 4 e apHof7, utilizando soluções tampão padronizadas.

A condutividade eléctrica foi medida e é expressa em termos de microSiemens por centímetro (pS/cm), o que reflecte a concentração total de sal do solo. Os resultados também podem ser expressos em termos de deciSiemens/m, que é milliSiemens/100. A medição da condutividade eléctrica é relativamente simples e é realizada de uma forma semelhante ao pH. O solo é agitado durante 2 horas numa solução aquosa. A condutância é medida utilizando um medidor de condutividade.

Para os fins deste estudo, o fósforo disponível será conduzido utilizando o método Bray- 1. Este método é apropriado para solos extraíveis, não calcários, e é apropriado para os solos da Estação de Pesquisa Sadore. Neste método, P é extraído usando 4,00 g de solo seco ao ar em 28 mL de 0,025 M HCl e 0,03 M NH_4 F durante 1 minuto. P é determinado num filtrado desta mistura usando o método molibato-azul e ácido ascórbico como o reagente. O desenvolvimento da cor é medido utilizando um espectrómetro na gama de luz visível.

Capacidade de troca catiónica (CEC) é a capacidade do solo para a troca iónica de iões com carga positiva entre o solo e a solução do solo. Como foi discutido na revisão da literatura, a troca catiónica é uma medida chave da fertilidade do solo e da capacidade de reter nutrientes. A CEC é determinada pela lixiviação de 5 g de amostra de solo seco com 60 ml de 1 M NH_4 OAc, a um pH de 7, para saturar as pocilgas de troca com iões de amónio, os iões de amónio em excesso são enxaguados do solo com álcool isopropílico e os iões de amónio restantes mantidos em locais de troca catiónica são substituídos por uma nova lixiviação do solo, só que desta vez com alíquotas sucessivas de uma solução de 10% de KCl acidificada a 0,005 N HCl. A solução resultante é então analisada colorimetricamente utilizando o analisador automático do laboratório.

A capacidade de troca catiónica efectiva é analisada utilizando o método da soma. Esta medição é determinada utilizando a soma de Ca, Mg, Na, K, H^+ e Al^{3+} . Neste método, as bases permutáveis são extraídas por lixiviação de 3g de amostra de solo seco ao ar com alíquotas sucessivas de 1 M NH_4 OAc, pH 7, para um total de 60 mL. As concentrações de catiões de base são determinadas utilizando um espectrofotómetro de absorção atómica Perkin-Elmer Modelo AAnalyst 400. H^+ e Al^{3+} são determinados através de titulação. O CEC é calculado usando os catiões de base e o H+ permutável. O ECEC é determinado utilizando a extracção de e amostra de solo seco ao ar com tioureia de prata. A prata residual na solução é determinada utilizando o espectrofotómetro de absorção atómica Perkin-Elmer Modelo AAnalyst 400.

Bases extraíveis (Ca, Mg, Na, e K) são extraídas utilizando uma amostra seca ao ar em 30 mL 1 M NH_4 OAc (pH 7) durante 30 min. Esta é então centrifugada. A análise elementar é então realizada utilizando o AAS Perkin-Elmer do laboratório.

A análise granulométrica é a análise final que é realizada nas amostras de solo. A teoria para este teste baseia-se na lei de Stoke, que afirma que partículas mais densas (tipicamente maiores) afundam o pai na amostra do solo do que partículas menos densas quando suspensas num líquido. A excepção é quando há uma presença excessiva de metais pesados, tais como ouro, platina, ou titânio no solo. Neste caso, as partículas mais pequenas cairiam rapidamente para o fundo num líquido. a determinação do tamanho do artigo é utilizada para classificar o solo nos tipos básicos de solo. É classificado em arenosos, sedimentos ou argilosos. Usando este método, 20 g de solo seco ao ar que foi triturado até <2mm é agitado durante 16 horas com 100 ml de hexametafosfato de sódio a 4%. Esta suspensão é transferida quantitativamente para um cilindro de sedimentação e levada a um volume total de 1 L com água desionizada. Este método é utilizado para fracções de tamanho inferior a 50 pm. Os procedimentos completos podem ser encontrados nos protocolos processuais que estão disponíveis no laboratório local.

Fundamentação do design

Esta secção metodológica fornece uma breve visão geral das técnicas de laboratório que são utilizadas pelo Laboratório Analítico da Estação Sadore do ICRISAT. Estes apenas uma visão geral dos procedimentos e um conjunto completo podem ser encontrados no manual de protocolos do laboratório. Esta breve descrição foi necessária a fim de especificar os procedimentos exactos utilizados neste estudo de investigação. Como foi descoberto na revisão bibliográfica, há muitos métodos diferentes disponíveis para a análise de nutrientes básicos do solo. Nem todos estes métodos são adequados para todos os tipos de solo ou para o solo de uma determinada área. É importante escolher métodos analíticos que sejam adequados às condições e estrutura do solo no local da investigação. Isto resultará na maior probabilidade de que os resultados expressos nestas amostras sejam aplicáveis à investigação e métodos agrícolas no local.

Como discutimos na conclusão da revisão bibliográfica, a fim de determinar o tipo de solo, e portanto escolher o método analítico correcto para esse perfil do solo, é necessário ter conhecimento prévio do solo na área que só pode ser derivada através de testes. Os testes preliminares ou históricos são a melhor forma de determinar os métodos analíticos apropriados para os elementos a serem testados no estudo. Esta foi uma razão fundamental para utilizar o laboratório analítico no local no ICRISAT. Este laboratório analisou rotineiramente o solo no ICRISAT e está familiarizado com os tipos de solo e os resultados esperados. Esta familiaridade com a amostra e as suas propriedades dá a este laboratório sobre um laboratório independente que não está familiarizado com as amostras do local.

A primeira vantagem que o Laboratório Analítico do ICRISAT tem sobre os laboratórios independentes que não estão familiarizados com os solos do local é que eles têm um longo historial de dados que podem ser utilizados para determinar os métodos apropriados para os tipos de solo que se encontram no ICRISAT. Eles sabem o que funciona e o que não funciona no ICRISAT, o que poupa muito trabalho preliminar e resulta numa melhor consistência e fiabilidade nos resultados das amostras.

O segundo factor na escolha de utilizar o laboratório analítico no ICRISAT é que estão familiarizados com as gamas típicas de elementos que podem esperar nos seus resultados. Isto ajuda-os a detectar anomalias nos seus métodos de teste, ou nas próprias amostras. Esta familiaridade com os resultados esperados levá-los-á a questionar um resultado que não é normal para a estação. Isto permite um melhor controlo de qualidade. Registos históricos e experiência técnica são elementos importantes para a capacidade de produzir resultados fiáveis.

Uma terceira vantagem em utilizar o Laboratório Analítico na estação de investigação é que realizam rotineiramente as análises solicitadas neste estudo de investigação. Estão familiarizados com as peculiaridades e diferentes aspectos do solo naquele local em particular. A capacidade de antecipar como uma amostra deve reagir ou técnicas específicas que funcionam para esses solos particulares dá ao laboratório uma vantagem sobre os laboratórios que não estão familiarizados com as amostras. A repetição e familiaridade entre os analistas leva a uma maior consistência na técnica e isto leva a uma maior fiabilidade e precisão nos resultados obtidos.

As técnicas, experiência e padrões internos de controlo de qualidade do Laboratório Analítico da Estação Sadore da ICRISAT são um bem valioso para este estudo de investigação. Utilizam materiais de referência fiáveis e aderem às normas estabelecidas na análise de solos. No entanto, é a sua experiência com amostras de sítios ICRISAT que lhes confere uma vantagem marcada sobre os laboratórios que não estão familiarizados com as amostras obtidas na estação ICRISAT. Esta foi a razão chave para as escolher como laboratório de análise para este estudo de investigação e uma razão chave para a escolha nas metodologias utilizadas para analisar os vários elementos dos solos.

Amostragem e Manuseamento do Solo

Ocorrem mais erros na amostragem e manuseamento do solo do que no laboratório analítico. O problema mais generalizado na amostragem do solo é a incapacidade de recolher uma amostra representativa do local. Existe sempre a possibilidade de uma amostra ter sido recolhida num local anómalo e não representativo de toda a área. A técnica da amostragem aleatória ajuda a eliminar este potencial e proporciona a capacidade de colher amostras desportivas que parecem estar fora das especificações. Se forem encontradas amostras que sejam questionáveis, a reamostragem pode ser realizada. No entanto, deve-se ter cuidado, uma vez que elementos móveis como o nitrogénio podem mudar entre a primeira amostragem e a segunda amostragem. Por conseguinte, é sempre melhor obter as amostras mais precisas possíveis na primeira vez.

As amostras de solo são obtidas por diferentes razões. O método escolhido para a amostragem reflecte esse resultado final final desejado. Foi utilizado um método de amostragem aleatória estratificada para as amostras de solo recolhidas para este estudo. Isto permitirá a análise de nutrientes a vários níveis. Este método de amostragem permitirá a futuros investigadores compreender como diferentes profundidades de raízes e profundidades de plantação serão afectadas pelo estrato de nutrientes no solo.

O mapa seguinte mostra as várias utilizações na Estação Sadore da ICRISAT.

Figura 1.

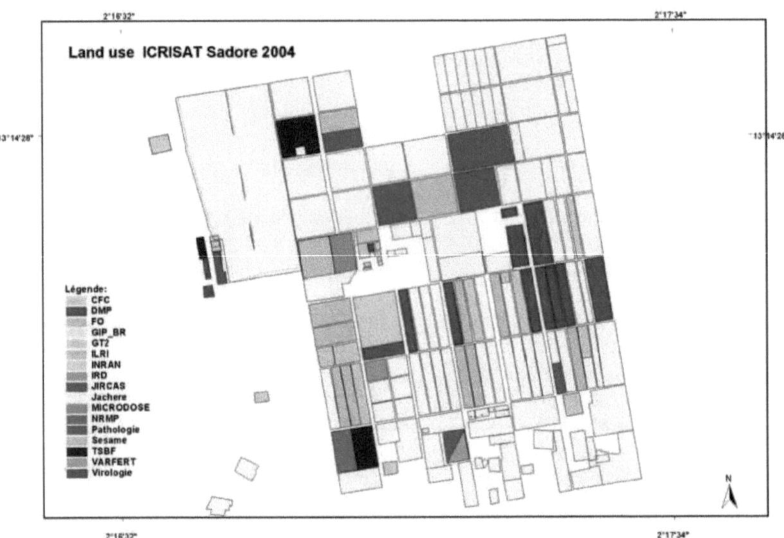

Como se pode ver, o site está dividido em várias secções de acordo com as funções pretendidas. Estas funções estão sujeitas a alterações no futuro, uma vez que as necessidades da estação mudam. As áreas funcionais da Estação reflectem diferentes tipos de projectos de investigação. Requerem diferentes estratégias de tratamento e manutenção. Por exemplo, a secção que é criada para a patologia vegetal e virologia deve ser mantida para que não sejam introduzidas estirpes externas na área. A microdosagem implica testar os efeitos que mesmo um nutriente muito pequeno pode ter na produção de plantas. Outras áreas no mapa representam várias subsecções e estudos de investigação que são conduzidos na estação.

Estas divisões principais estão divididas em outros sítios de acordo com os nomes das secções seguintes. Estas identificações serão utilizadas para identificar amostras, tanto no projecto actual como no futuro.

A tabela 7 IDs de Amostragem de Sítios e a sua História na Estação Sadore do ICRISAT

Site ID	History
1A1	Cultivated soil
1A2	Fallow
2A1	Cultivated soil
2A2	Fallow
3A2	Fallow
4A2	Fallow
5A2	Fallow
6A2	Fallow
7A1	Cultivated soil
7A2	Fallow
8A1	Cultivated soil
8A2	Fallow
8A3	Uncultivated soil
1B2	Fallow
2B2	Fallow
3B2	Fallow
4B2	Fallow
5B1	Cultivated soil
6B1	Cultivated soil
6B2	Fallow
7B1	Cultivated soil
7B2	Fallow
8B1	Cultivated soil
8B2	Fallow
8B3	Uncultivated soil
3C2	Fallow
4C2	Fallow
5C2	Fallow
6C1	Cultivated soil
6C2	Fallow
7C2	Fallow
8C1	Cultivated soil
8C2	Fallow
3D1	Cultivated soil
4D1	Cultivated soil
4D2	Fallow
5D2	Fallow
6D1	Cultivated soil
6D2	Fallow
7D1	Cultivated soil
7D2	Fallow
8D1	Cultivated soil
8D2	Fallow
1E1	Cultivated soil
1E2	Fallow
2E2	Fallow
3E2	Fallow
4E1	Cultivated soil
4E2	Fallow
5E1	Cultivated soil
5E2	Fallow
6E2	Fallow
7E1	Cultivated soil
7E2	Fallow
8E1	Cultivated soil
8E2	Fallow
1F2	Fallow
2F1	Cultivated soil
2F2	Fallow
3F2	Fallow
4F1	Cultivated soil
5F2	Fallow
6F1	Cultivated soil
6F2	Fallow
7F1	Cultivated soil
7F2	Fallow
8F3	Uncultivated soil
1G1	Cultivated soil
2G2	Fallow
3G2	Fallow
4G1	Cultivated soil
5G2	Fallow
6G1	Cultivated soil
7G1	Cultivated soil
7G2	Fallow
8G1	Cultivated soil
8G2	Fallow

Estas identificações referem-se à localização na grelha da Estação Sadore. As identificações das amostras na análise laboratorial podem ser facilmente localizadas através da correspondência das secções na seguinte grelha de amostragem.

Figura 2

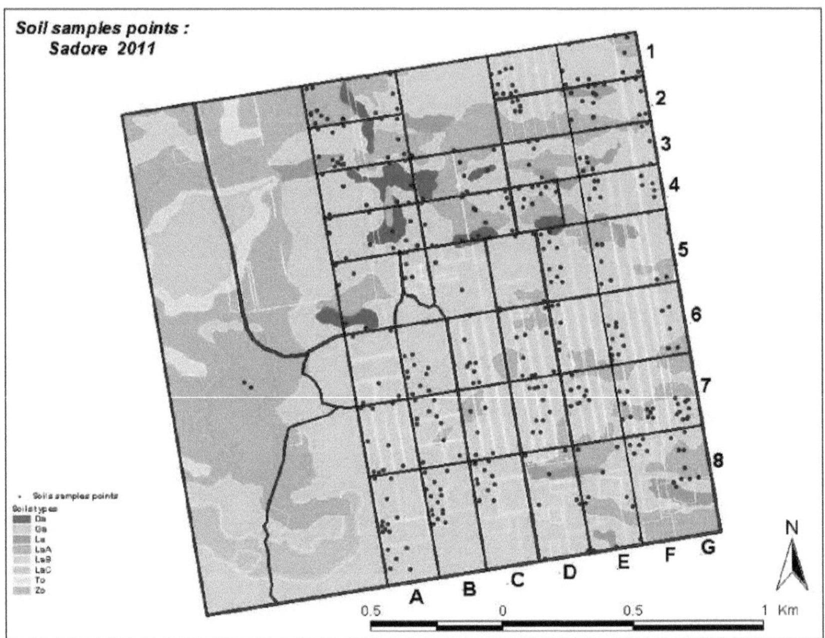

O site contém oito tipos de solo diferentes. O investigador utilizou métodos de amostragem aleatória dentro de cada secção da grelha. Não foi feita qualquer tentativa para controlar a localização da amostra. Isto significa que em secções onde existem diferentes tipos de solo, nem todos os tipos de solo foram amostrados. Em alguns casos, a localização da amostra caiu na fronteira entre dois tipos de solo diferentes, neste caso não foi feita qualquer tentativa de mover artificialmente a amostra para um tipo de solo ou uma outra. Algumas secções da grelha receberam muito poucas amostras e outras receberam um grande número.

Este método de amostragem resultou em resultados analíticos que tenderam a favorecer certos tipos de solo e secções de grelha em relação ao resto. Também resultou na não amostragem de um tipo de solo inteiro, LaC. Embora, teoricamente, a amostragem aleatória seja o método desejado para obter um representante dos solos de uma área, neste caso, resultou em algumas secções e tipos de solo estarem sobre-representados no esquema de amostragem.

No futuro, poderá ser necessária uma amostragem adicional para recolher e adicionar à base de dados para garantir que todos os tipos de solo e secções da grelha estão representados. O objectivo deste estudo é fornecer informação detalhada sobre o teor em nutrientes do solo na estação de investigação. O método de amostragem utilizado neste estudo resultou em amostras que seriam representativas de uma parcela de campo ou de uma cultura de produção. Se a estação da Sadore fosse um campo inteiro que fosse utilizado para um determinado tipo de cultura, o método de amostragem aleatória utilizado seria o melhor método. Resultaria numa média que poderia ser utilizada para determinar os níveis globais de fertilização e forneceria informação detalhada sobre as diferenças entre as várias secções, resultando talvez numa aplicação diferencial para satisfazer as necessidades específicas de uma secção.

No entanto, o objectivo desta investigação era desenvolver uma base de dados útil para fins de investigação, neste caso, uma estratégia geral de amostragem aleatória não produziu o nível de resultados detalhados necessários no âmbito da investigação. A amostragem aleatória é ainda o melhor método para a obtenção de uma amostra representativa da área. Contudo, para efeitos de criação de uma base de dados útil que possa ser utilizada no futuro, cada secção, cada subsecção, e cada tipo de solo deve ser tratado como se fosse a sua própria entidade separada. Isto permitiria aos investigadores determinar com maior precisão, os níveis de nutrientes dentro dos seus locais de cultivo. Para fins de investigação, este método permitiria aos investigadores dar conta das diferenças entre as várias subsecções e tipos de solo dentro da subsecção.

É possível que diferentes tipos de solo nas várias subsecções resultem em diferenças de crescimento das plantas. Um método de amostragem que forneça informação mais detalhada sobre as subsecções e diferentes tipos de solo dentro dessa subsecção será útil no futuro. O método de amostragem actual fornecerá aos investigadores algum detalhe, mas não tanto como o mais detalhado que é descrito.

O actual método de amostragem é suficiente tendo em conta o tempo e as restrições orçamentais associadas a este projecto. O actual método de amostragem resultou na capacidade de compreender como os níveis de nutrientes se deslocaram em grandes áreas do local do estudo. Esta base de dados pode ser um trabalho em curso, com mais amostras de secções que não foram amostradas ou que receberam pouca cobertura podem ser acrescentadas mais tarde e o mapeamento detalhado dos solos pode ser realizado ao longo do tempo.

Limitações do Estudo

O objectivo deste estudo de investigação é examinar as condições do solo no Centro Sahelian do ICRISAT, localizado em Sadore, no Níger. É um local com 500 hectares, num dos climas mais quentes do mundo. O local é considerado extremamente árido e quente. A precipitação média na região do Sahelian, onde a estação de investigação está localizada, recebe apenas cerca de 16,5 centímetros de precipitação por ano, mas a precipitação pode variar de ano para ano[40] . Esta quantidade de precipitação é muito superior à do deserto do Saara, mas não tanto como a da região do Maciço, que recebe cerca de 25 centímetros de precipitação por ano. As tempestades começam em Maio e atingem o seu auge durante os meses de Jue a Início de Setembro. As chuvas afunilam-se rapidamente e começa a estação seca. A estação seca dura aproximadamente de meados de Outubro a Abril. Em comparação com as regiões vizinhas, o Sahelian não se encontra em nenhum dos extremos climáticos do Níger. A parte sul do Níger recebe muito mais precipitação do que as regiões do Norte.

Em termos de temperatura, o Níger varia entre 31°C a 41°C. As noites são frescas e a temperatura cai para uma média inferior a 20°C. As temperaturas diurnas sobem mais durante as estações húmidas do que durante as estações secas. O clima subtropical do Níger faz um clima de crescimento único e permite apenas plantas que são adequadas para crescer nesta região. O clima extremo da região torna-o um local único para a região agrícola. As informações obtidas sobre este sítio podem ser aplicadas a futuras pesquisas que tenham lugar em condições climáticas semelhantes.

É importante compreender como o clima na Estação "ICRISAT, Sadore" se compara às regiões vizinhas. Esta informação determinará a capacidade de aplicar os resultados dos estudos realizados na estação ao que pode ser esperado em várias regiões. A investigação deste estudo só pode ser aplicada a climas que sejam semelhantes aos utilizados no estudo de investigação. Por uma razão semelhante, a geografia da área também apresenta limitações em termos dos tipos de solo encontrados na região e a capacidade de aplicar os resultados do estudo que não estão localizados no ICRISAT, local da Estação Sadore.

Deve também ser declarado que os resultados de qualquer pesquisa de culturas dependem não só das condições médias que existem durante o período de pesquisa, mas também das condições que ocorreram durante esse período de cultivo em particular. Por exemplo, uma seca ou inundações adicionais podem afectar os resultados do estudo obtido. A investigação de culturas depende muito de muitos factores, tais como o clima, que não podem ser previstos ou contabilizados na concepção da investigação. As condições climáticas e as alterações das condições do solo podem ter um impacto nos resultados de futuros estudos que se baseiam nesta investigação. Contudo, em geral, os resultados deste estudo serão úteis para eliminar um conjunto de variáveis externas que irão afectar os resultados de futuros estudos de investigação.

O único método para contabilizar as alterações climáticas e sazonais é manter registos durante a época de crescimento e abordar os seus resultados nas conclusões do estudo. As informações climáticas e meteorológicas podem ajudar o investigador a identificar condições que diferem das condições de ensaio e a registar quaisquer alterações no crescimento ou rendimento das plantas que possam ser atribuíveis a essas condições. O clima é um factor que afecta qualquer tipo de investigação agrícola ou ecológica. Não se espera que as condições que existem durante este estudo em termos de clima e clima sejam vulneráveis às mesmas de qualquer forma que seja diferente de outros estudos de investigação.

Conclusão

A utilização do laboratório na estação Sadore resultará nos resultados analíticos mais fiáveis devido à sua experiência e familiaridade com as amostras na estação. O método de amostragem utilizado não resultará na informação detalhada que será de maior utilidade para os investigadores. Contudo, servirá como uma excelente base de dados com a qual se poderá construir uma base de dados ao longo do tempo. Este estudo tem várias limitações na sua aplicabilidade, particularmente quando se trata de outros sítios. Os resultados deste estudo serão limitados à estação da Sadore e locais adjacentes que são semelhantes em condições de solo e clima.

Capítulo 4

Resultados

Os resultados do estudo demonstraram o alcance e a média da nutrição do solo em todo o sítio. As implicações destes resultados serão discutidas nos capítulos seguintes. A figura seguinte mostra a localização exacta das amostras recolhidas nas secções da Estação Sadore da ICRISAT. O plano de amostragem aleatória apresentado na secção anterior foi utilizado como base para a potencial localização da amostragem. O solo foi amostrado a uma profundidade de 20cm e foram preparadas amostras compostas para reduzir o número para 77. Para análise do tamanho das partículas, o número foi limitado a 36 porque este parâmetro não varia tanto dentro das bandas.

A figura seguinte representa a localização exacta das amostras que foram recolhidas e analisadas.

Figura 3. Localização das amostras

A primeira tarefa que deve ser realizada a fim de desenvolver uma compreensão de como os níveis de nutrientes do solo mudam ao longo do mapa é agrupar amostras de acordo com a grelha e secção e localização. Ao fazê-lo, o investigador será capaz de conceber um mapa das alterações dos níveis de nutrientes na região.

A primeira grande tarefa na análise é examinar as amostras de solo de acordo com a secção da grelha para determinar se existe algum padrão em toda a Estação de Pesquisa. A ordem da amostragem seguiu o eixo das letras da parcela de ensaio. O seguinte representa os valores calculados nas várias tabelas analíticas.

Caracterização do Solo

A primeira tarefa a ser realizada na análise do local é a caracterização do solo. A areia é considerada como qualquer solo que seja 2,00-0,05 mm. O lodo é considerado como sendo de 0,05 - 0,002 A argila é qualquer partícula que seja <0,002mm ou menor. O solo no local era globalmente arenoso com pequenas quantidades de lodo e argila, principalmente nas zonas oriental e sudeste da estação. A percentagem média de areia nas amostras foi de 95,3, com um máximo de 97,1 e um mínimo de 93,3. O desvio padrão da média foi de 0,971, o que indica que a percentagem de areia nas amostras foi relativamente consistente ao longo de todo o local. Os solos arenosos são preferidos para culturas tais como amendoim, grão de bico e outros corpos cultivados na Estação Sadore do ICRISAT.

O lodo e a argila só foram encontrados em pequenas percentagens, em grande parte centradas na porção do Sourheastern do sítio. O máximo para o lodo era de 3,5 e o mínimo era de 1,3. O desvio das normas foi de 0,477, o que indica uma consistência relativa em todo o sítio. O máximo para o conteúdo de argila foi 3,7 e o mínimo foi 1,4, com um valor médio de 2,5%. O desvio-padrão para o sedimento foi de 0,634.

Condutibilidade eléctrica

Figura 4: Condutibilidade eléctrica

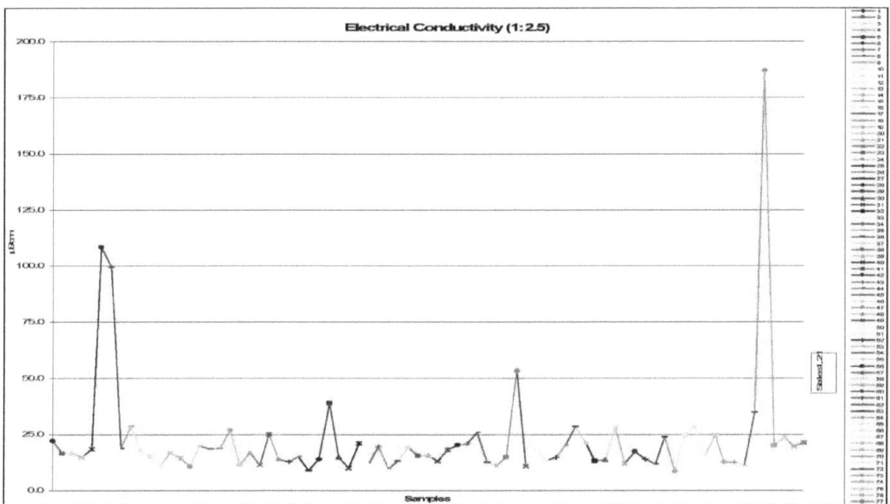

Esta análise demonstra que enquanto muitas das amostras estavam dentro de um certo desvio padrão, Quatro amostras no conjunto demonstraram picos anómalos. As amostras que correspondiam a estes locais eram 40, 41, 163,182, e 207. Para todas estas amostras, a gama CE por ambos os métodos de análise era mais na gama mais ácida. Como descobrimos na revisão da literatura, a CE tem um efeito sobre outros elementos residuais no solo. Para além destas anomalias, outras amostras encontravam-se dentro de uma gama semelhante. O máximo para a CE foi 187,3 e o mínimo foi 8,4. A média foi de 22,3.

No entanto, pode notar-se que os dados parecem ter quatro aberturas significativas que estão bem fora do alcance das outras amostras. Quando estes valores aberrantes são descontados, o máximo é 38,3 e o mínimo permanece 8,4. Com os outliers removidos, a média é de 17,7 e o desvio padrão é de apenas 6,13. Estes mesmos valores aberrantes foram encontrados em vários dos testes realizados neste local. A razão destes valores aberrantes não é conhecida, mas considera-se geralmente que são leituras anómalas e não devem ser consideradas ao calcular normas para o sítio.

A condutividade eléctrica é o resultado de material dissolvido no solo que permite ao solo conduzir a corrente eléctrica. Uma maior condutividade significa quantidades mais elevadas de material dissolvido. A contribuição das águas subterrâneas pode resultar em maiores condutividades eléctricas (Bruckner, 2011). A fonte do solo tem um efeito considerável na CE. A fonte de água para o solo é um contribuinte chave para a condutividade eléctrica. As condutividades eléctricas para a visão da Sadore ICRISAT são muito elevadas, indicando um elevado grau de mineralização no solo

Acidez/alcalinidade

A medição do pH pelo método KCl demonstrou resultados que ultrapassavam uma gama mais ampla do que os obtidos pelo método H_2O. Os dados demonstraram níveis de pH mais ácidos nas áreas que correspondiam a uma maior condutividade. Em relação aos níveis globais de pH. O método H_2O demonstrou níveis de pH ligeiramente mais elevados do que os do método KCl utilizado. Estas diferenças podem ter um efeito sobre as quantidades e as resistências de fertilizantes necessárias. O método H_2O assemelha-se mais às condições no campo em que as plantas irão crescer, portanto, são mais reflexos das condições que irão existir. Todas as amostras de solo estavam abaixo da gama óptima para

Figura 5. Reparação dos valores de pH dentro do local

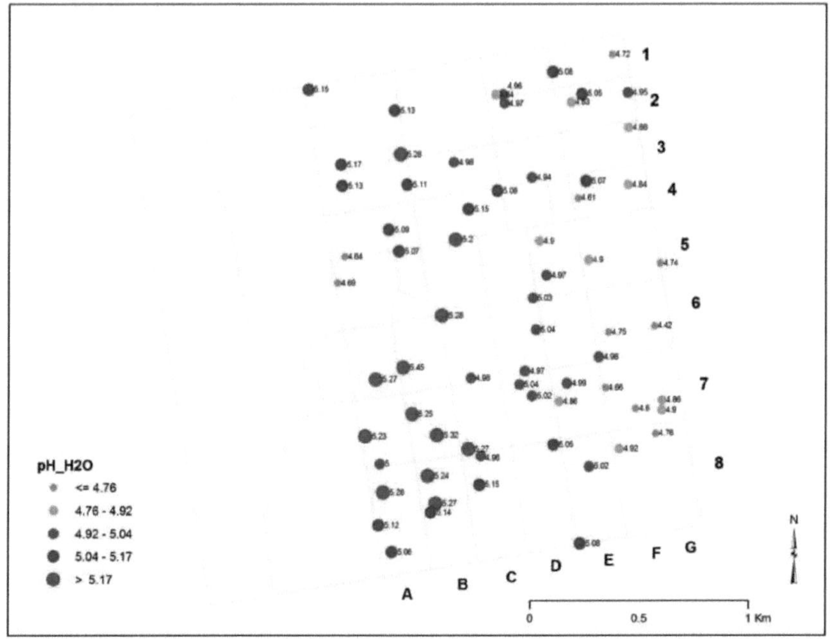

o crescimento das plantas. O pH óptimo para o crescimento das plantas situa-se entre 6,5 e 5,0. Abaixo de 5,0 está a entrar numa faixa onde o solo pode ser demasiado ácido para o crescimento e rendimento óptimos das plantas. Os valores de pH tendem a ser mais baixos nas parcelas orientais do que nas ocidentais. Isto pode ser o resultado das condições ambientais do solo, das culturas cultivadas, ou do excesso de calagem nestas áreas. Geralmente, o pH no local era ácido. Algumas áreas tinham um pH excepcionalmente baixo, enquanto outras estavam acima de 5,17. O mapa do pH do local mostra como se espalham os resultados. Isto é mais do que provável devido aos efeitos residuais da investigação conduzida nas várias parcelas. O solo na natureza é frequentemente mais uniforme numa área mais vasta. A variabilidade do pH no local é mais do que provável devido aos efeitos das várias pesquisas conduzidas no local.

Carbono Orgânico

Os intervalos de variação do carbono orgânico foram também mais elevados nas parcelas orientais, em comparação com as

Lado ocidental das parcelas de investigação.

Figure 6. Gráfico de carbono orgânico

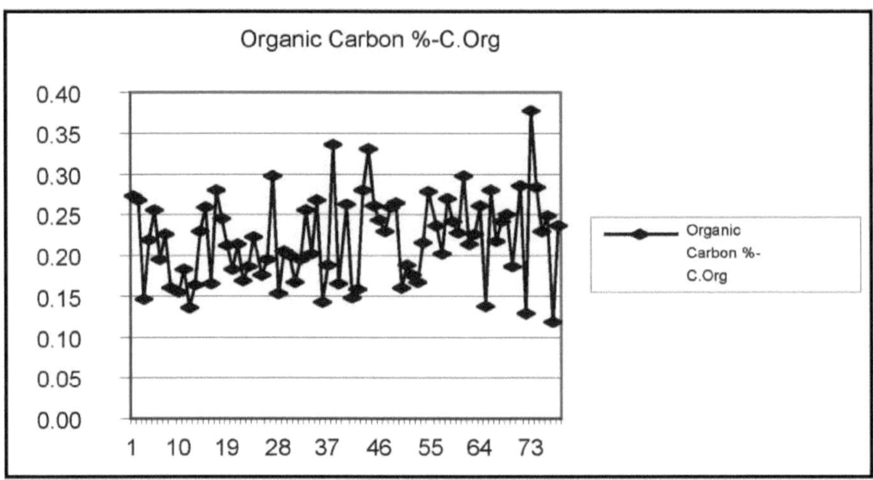

É possível que o carbono orgânico desempenhe um papel causal no pH mais baixo desta área. A matéria orgânica tende a baixar o pH, o que também poderia ter um efeito sobre a condutividade eléctrica da área. Até agora, todos os três resultados dos testes realizados são constantes com a correcção excessiva da nutrição do solo. Agora, vamos examinar os resultados dos nutrientes restantes para determinar se estes resultados estão de facto ligados.

Nitrogénio total

Como esperado, o Nitrogénio total demonstrou uma inconsistência considerável e nenhum padrão discernível. Isto deve-se em grande parte à mobilidade do nitrogénio, culturas que foram cultivadas nos últimos anos, clima e uma variedade de outros factores que irão afectar o nitrogénio total no solo. O N total, foi elevado para várias das amostras. Após um exame mais atento, constata-se que no NO3-N parece ser a razão para o seu N total em muitos casos. É duvidoso que estes picos encontrados nos solos se devam às condições naturais da área. São mais do que provavelmente o resultado de experiências anteriores realizadas na estação de investigação. No entanto, sem conhecer a história passada das parcelas onde as amostras foram recolhidas, é difícil determinar o que se passou. Se os resultados fossem devidos ao clima, ou às condições naturais do solo, então os picos anómalos estariam mais disseminados.

Figure 7. Gráfico N total

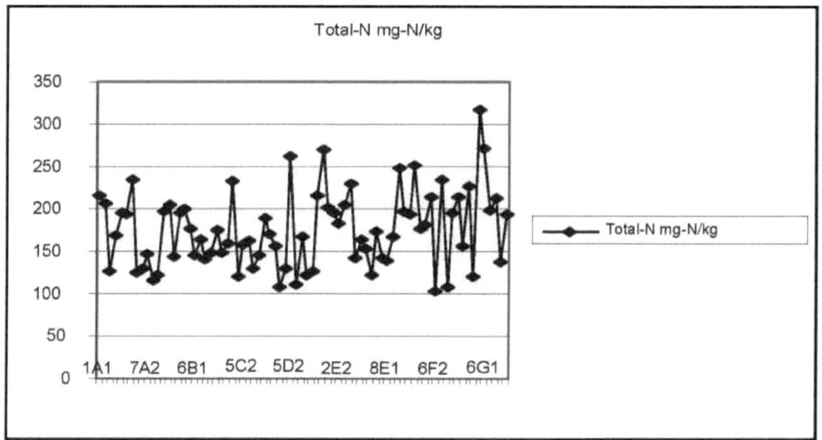

Quatro medidas de teor de azoto foram realizadas no site. Azoto total, NH_4^+ N, NO_3 N e NH_4^+ & NO3'. O nitrogénio total foi em média 175,6, com um desvio padrão de 44,9. O máximo foi de 317,8 e o mínimo foi de 103,7. Isto indica níveis altamente variáveis ao longo do local. Isto não é invulgar, uma vez que o nitrogénio é um nutriente altamente móvel e de rápida flutuação. O nitrogénio deve ser novamente medido e calculado antes da aplicação de fertilizante e plantação.

Não só o nitrogénio total apresentava um elevado grau de variabilidade, como também as concentrações de NH_4 e NO_3 . O máximo para NH_4^+ N é 17,8 e o mínimo é 1,15. A média é de 2,5 com um desvio padrão de 2,37. Isto é minério consistente e depois N total, mas ainda é altamente variável ao longo do local. Os níveis de azoto foram ligeiramente mais elevados na área onde foram encontrados o lodo e a argila. NO_3 'N tinha um máximo de 32,3 e um mínimo de 0,12. A média é de 2,11 e o desvio padrão é de 4,55. Quando NH_4 e NO_3 são combinados, o máximo é 43,5 e o mínimo é 1,3. A média é de 4,6 com um desvio padrão de 6,62. Todas as formas de azoto demonstram elevados graus de variabilidade em toda a estação de investigação.

Fósforo total

O fósforo total demonstra um aumento constante de oeste para leste.

Figure 8. Gráfico P total

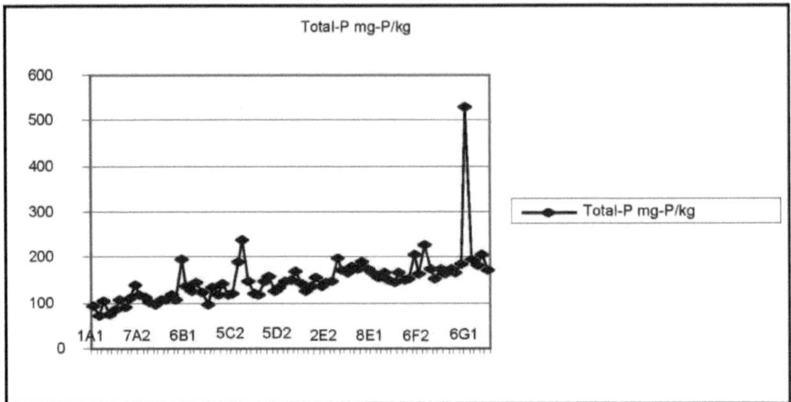

Os picos anómalos em P correspondem a picos anómalos também nos outros elementos, levando o investigador a concluir que estas parcelas únicas, anomalias de amostra única, podem ser devidas a duas razões. Pode ser que esta área tenha sido submetida a experiências muito fertilizadas e que resíduos consideráveis ainda se encontrem no solo. As anomalias de amostra única também podem ser uma bandeira vermelha de que ocorreu um erro de amostragem ou de análise. Nos casos em que são encontrados picos anómalos que não se encaixam no padrão geral da análise, é comum repetir as amostras para ver se são obtidos os mesmos resultados.

Figura 9. Reparação dos valores totais de P dentro do site

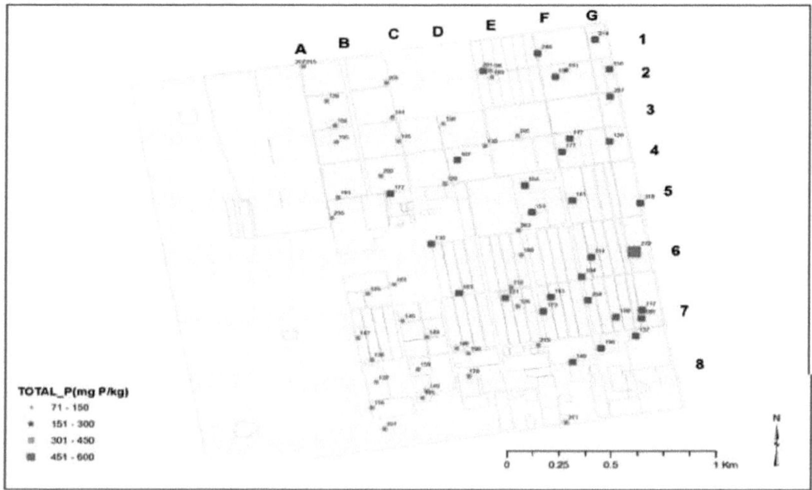

Figura 10. O Método P Mehlich disponível valoriza a reparação dentro do site

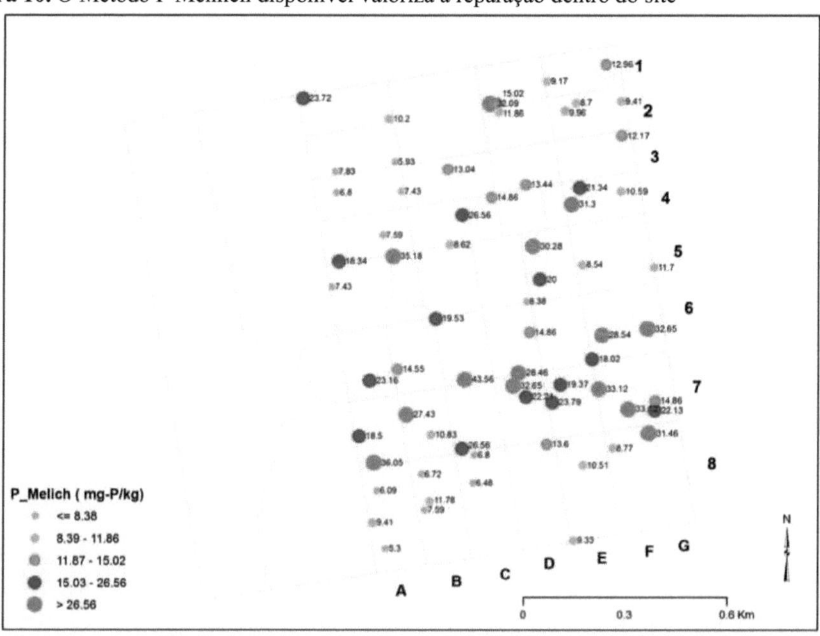

Figura 11. Reparação dos valores de P solúvel em água dentro do sítio

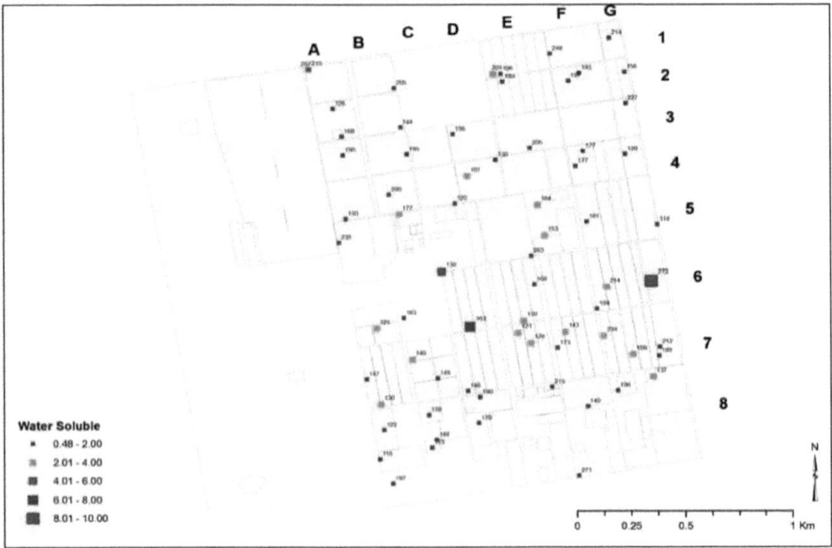

Figura 12. O método P Bray valoriza a reparação dentro do local

O fósforo total no local estava mais concentrado no lado oriental do local. As concentrações de P solúveis em água eram baixas em todo o local. Isto indica que embora muitas áreas tenham

fósforo suficiente, este não está prontamente disponível para a planta. O P solúvel em água tinha um máximo de 8,9 mg-P/kg e um mínimo de 0,5. A média era de 1,7, muito abaixo do valor normal e um desvio padrão de 1,48. O método disponível P por Bray 1 teve um máximo de 109 e um mínimo de 2,0. A média era de 13,8 e um desvio padrão de 15,1. Embora haja P considerável no solo, este não está disponível numa forma que seja facilmente absorvido pelas plantas.

Total K

Os níveis totais de Potássio demonstraram uma variabilidade considerável em todo o local. No entanto, encontravam-se geralmente na mesma gama. Tenderam a subir nas parcelas orientais, em oposição às parcelas ocidentais.

Figura 13. Gráfico K total

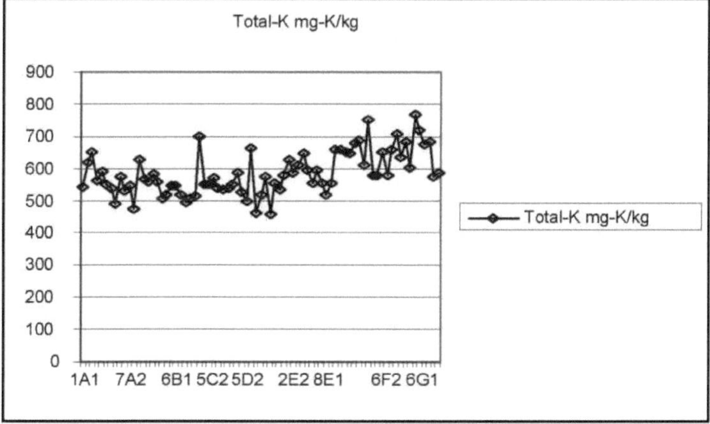

Figura 14. Reparação dos valores K totais dentro do site

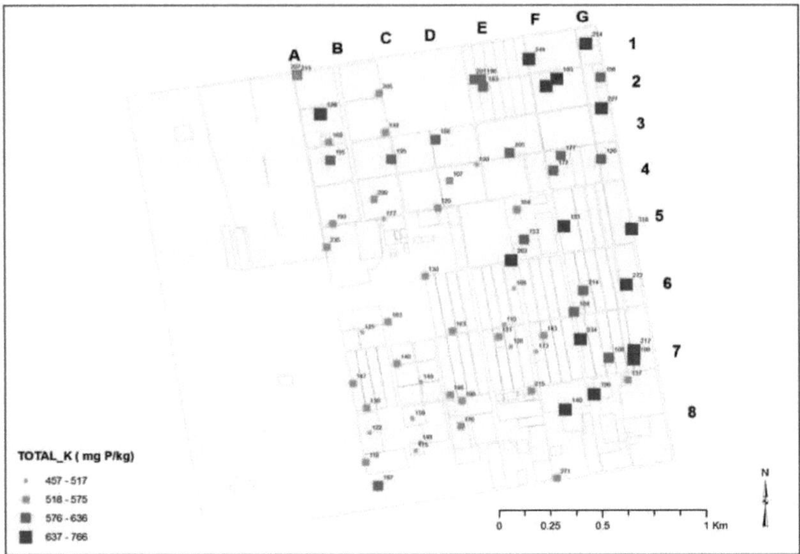

Minerais Vestigiais

Na, Ca, e Mg foram também analisados em todo o site. Foram obtidos os seguintes valores.

	Total-Na mg-Na/kg	Total-Ca mg-Ca/kg	Total-Mg mg-Mg/kg
Mean	167	123	62
SD	14.1	80.9	21.0
Maximum	213	731	135
Minimum	143	38	33

CEC e Catiões Permutáveis

A CEC para o local varia entre um máximo de 2,2 e um mínimo de 1,4. A média é de 1,7 com um desvio padrão de 0,203. Isto equivale a valores relativamente consistentes em todo o site.

O seguinte representa os catiões permutáveis e os valores CEC dos catiões de selecção mais comuns. São relativamente baixos, comparados com solos com um conteúdo orgânico mais elevado.

	H+	Al3+	Na+	K+	Ca2+	Mg2+	CEC
	cmol⁺/kg	cmol⁺/kg	cmol⁺/kg	cmol⁺/kg	cmol⁺/kg	cmol⁺/kg	cmol⁺/kg
Mean	0.11	0.15	0.06	0.14	0.42	0.17	1.7
SD	0.048	0.099	0.015	0.038	0.159	0.056	0.203
Maximum	0.20	0.37	0.16	0.31	0.98	0.30	2.2
Minimum	0.02	0.00	0.04	0.07	0.17	0.06	1.4

Microelementos extraíveis DPTA

	DPTA-Cu	DTPA-Fe	DTPA-Mn	DTPA-Zn
	mg-Cu/kg	mg-Fe/kg	mg-Mn/kg	mg-Zn/kg
Mean	0.64	8.4	5.8	0.27
SD	0.291	2.78	2.18	0.249
Maximum	1.58	20.8	10.4	1.11
Minimum	0.24	4.4	1.9	0.03

Os solos arenosos de baixa matéria orgânica tendem a ter menos micronutrientes extraíveis de DPTA do que os solos orgânicos. Estes resultados são baixos, o que não é surpreendente, uma vez que o solo foi classificado como arenoso com um baixo conteúdo orgânico.

Análise de Correlação entre Nutrientes

Os coeficientes de correlação foram calculados entre todos os nutrientes analisados no estudo. Em geral, não se esperaria uma correlação elevada entre um nutriente e outro, excepto nos casos em que se sabe que um elemento tem um efeito causal sobre o outro. Foi encontrada uma correlação negativa entre % de argila, % de lodo e % de areia. Contudo, trata-se de um artefacto matemático devido ao facto de cada elemento representar uma certa percentagem do todo, e a areia é a maior percentagem neste caso. Foram encontradas correlações negativas entre o pH_2O e os teores de azoto. Isto pode indicar uma relação inversa entre estes dois elementos, mas mais testes teriam de ser realizados para confirmar isto.

Figure 15. Distribuição da análise de correlação dentro de todos os parâmetros analíticos

Correlation Analysis	EC	pH-H2O	pH-KCl	Organic C	Total-N	NH4+-N	NO3-N	NH4+ & NO3	Bray P1	Water P	P-Mehlich	Total-P	Total-K	Total-Na	Total-Ca	Total-Mg	H+	Al3+	Na+	K+	Ca2+	Mg2+	CEC	DPTA-Cu	DTPA-Fe	DTPA-Mn	DTPA-Zn	% Sand	% Silt	% Clay
$EC_{2.5}$	1																													
$pH-H_2O$	-0.371	1																												
pH-KCl	0.071	0.014	1																											
Organic Carbon	0.203	-0.275	0.347	1																										
Total-N	0.169	-0.366	0.211	0.884	1																									
NH4+N	0.964	-0.510	0.021	0.198	0.363	1																								
NO3-N	0.814	-0.493	0.059	0.083	0.266	0.812	1																							
NH4+ & NO3	0.904	-0.534	0.048	0.120	0.314	0.916	0.972	1																						
Bray P1	0.602	-0.342	-0.139	-0.117	-0.029	0.556	0.254	0.374	1																					
Water soluble P	0.323	-0.321	-0.034	-0.082	-0.012	0.477	0.210	0.315	0.917	1																				
P-Mehlich	0.235	-0.307	-0.096	-0.259	-0.221	0.189	0.089	0.129	0.736	0.798	1																			
Total-P	0.585	-0.554	0.018	0.127	0.221	0.532	0.109	0.320	0.894	0.677	0.475	1																		
Total-K	0.389	-0.446	-0.073	0.305	0.587	0.192	0.034	0.092	0.034	-0.059	-0.141	0.363	1																	
Total-Na	0.298	-0.418	-0.026	0.301	0.402	0.269	0.083	0.153	0.238	0.203	0.147	0.439	0.568	1																
Total-Ca	0.722	-0.269	0.231	0.320	0.396	0.678	0.307	0.453	0.723	0.602	0.225	0.792	0.233	0.326	1															
Total-Mg	0.056	-0.428	0.139	0.391	0.486	0.046	-0.058	-0.023	-0.016	-0.061	-0.117	0.402	0.697	0.437	0.168	1														
H+	-0.039	0.235	-0.794	-0.226	-0.173	0.000	-0.058	-0.040	0.083	-0.005	-0.032	-0.171	-0.030	-0.194	-0.127	-0.323	1													
Al3+	-0.158	0.041	-0.862	-0.350	-0.246	-0.110	-0.129	-0.126	0.031	-0.095	0.020	-0.073	0.109	0.007	-0.280	-0.109	0.704	1												
Na+	0.712	-0.440	-0.114	0.120	0.260	0.671	0.405	0.519	0.699	0.661	0.406	0.643	0.263	0.413	0.656	0.171	0.035	0.000	1											
K+	0.617	-0.320	0.405	0.439	0.440	0.594	0.416	0.498	0.350	0.370	0.035	0.418	0.268	0.255	0.565	0.209	-0.337	-0.491	0.463	1										
Ca2+	0.271	-0.284	0.785	0.567	0.506	0.204	0.151	0.177	0.104	0.157	0.086	0.310	0.303	0.218	0.461	0.387	-0.692	-0.744	0.205	0.398	1									
Mg2+	0.179	-0.205	0.735	0.730	0.595	0.155	0.097	0.122	-0.177	-0.150	-0.300	0.124	0.347	0.187	0.299	0.374	-0.655	-0.749	0.025	0.581	0.739	1								
CEC	0.165	-0.470	0.467	0.553	0.513	0.110	-0.020	0.026	0.044	0.016	-0.018	0.443	0.547	0.439	0.334	0.528	-0.538	-0.359	0.137	0.406	0.625	0.657	1							
DPTA-Cu	0.099	0.137	-0.166	-0.017	-0.024	0.111	0.161	0.150	0.020	-0.024	0.039	-0.270	-0.200	-0.070	-0.053	-0.363	0.323	0.173	0.066	-0.176	-0.170	-0.202	-0.322	1						
DTPA-Fe	0.454	-0.308	-0.246	0.237	0.297	0.421	0.103	0.276	0.678	0.674	0.502	0.668	0.219	0.304	0.500	0.160	0.140	0.138	0.581	0.192	0.125	-0.093	0.176	-0.023	1					
DTPA-Mn	0.064	-0.220	0.539	0.707	0.600	0.063	0.023	0.039	-0.225	-0.155	-0.237	0.056	0.275	0.180	0.210	0.285	-0.480	-0.616	-0.067	0.285	0.649	0.745	0.552	-0.184	0.051	1				
DTPA-Zn	0.419	-0.285	0.107	0.154	0.163	0.419	0.199	0.286	0.549	0.633	0.554	0.462	-0.078	0.320	0.494	-0.048	-0.178	-0.264	0.502	0.288	0.307	0.075	0.121	0.117	0.629	0.199	1			
% Sand	-0.070	0.250	0.272	-0.306	-0.323	-0.082	-0.108	-0.097	0.135	0.264	0.326	-0.076	-0.667	-0.534	-0.055	-0.371	-0.168	-0.262	-0.077	0.063	0.038	-0.069	-0.139	-0.196	0.024	-0.175	0.066	1		
% Silt	-0.087	-0.223	-0.054	0.468	0.396	-0.047	-0.002	-0.026	-0.267	-0.276	-0.278	-0.093	0.457	0.365	-0.080	0.261	-0.033	-0.061	-0.123	-0.029	0.144	0.251	0.215	0.130	-0.099	0.474	0.040	-0.029	1	
% Clay	0.172	-0.215	-0.375	0.116	0.196	0.160	0.167	0.168	-0.006	-0.197	-0.296	0.186	0.677	0.543	0.145	0.372	0.283	0.448	0.210	-0.075	-0.167	-0.083	0.051	0.202	0.038	-0.089	-0.132	-0.907	0.512	1

Figure 16. Análise química de rotina Parte 1

March 2011 Routine Chemical analysis on ICRISAT Sadore Research station (sampling date 24-02-2011)

Site ID	History	$EC_{2.5}$ (µS/cm)	pH-H_2O (1:2.5)	pH-KCl (1:2.5)	Organic Carbon %-C.Org	Total-N mg-N/kg	NH4+ N mg-N/kg	NO3- N mg-N/kg	*Calculated* NH4+ & NO3_ mg-N/kg
1A1	Cultivated soil	22.2	5.2	4.0	0.27	215	2.4	0.96	3.4
1A2	Fallow	16.4	5.2	4.1	0.27	207	2.1	0.46	2.6
2A1	Cultivated soil	16.6	5.1	3.9	0.15	126	1.7	0.87	2.6
2A2	Fallow	14.9	5.2	4.1	0.22	168	2.4	0.87	3.2
3A2	Fallow	18.4	5.1	4.3	0.26	195	1.9	0.65	2.5
4A2	Fallow	108.1	4.6	4.4	0.19	193	9.6	20.3	29.8
5A2	Fallow	99.3	4.7	4.2	0.23	235	11.2	32.3	43.5
6A2	Fallow	18.8	5.3	4.1	0.16	125	2.1	1.24	3.4
7A1	Cultivated soil	28.7	5.0	3.9	0.15	130	3.2	3.50	6.7
7A2	Fallow	17.5	5.2	4.1	0.18	147	2.3	0.73	3.0
8A1	Cultivated soil	15.1	5.1	4.0	0.14	116	1.5	0.91	2.4
8A2	Fallow	10.9	5.3	4.3	0.16	122	1.7	0.37	2.0
8A3	Uncultivated soil	16.8	5.1	4.0	0.23	197	1.9	1.59	3.5
1B2	Fallow	14.3	5.1	4.1	0.26	205	1.9	0.44	2.3
2B2	Fallow	10.6	5.3	4.3	0.17	144	1.6	0.53	2.1
3B2	Fallow	19.8	5.1	4.4	0.28	195	1.8	0.72	2.5
4B2	Fallow	18.5	5.1	4.1	0.25	200	1.9	0.99	2.9
5B1	Cultivated soil	18.6	5.1	4.1	0.21	177	1.6	1.76	3.4
6B1	Cultivated soil	26.9	5.3	4.9	0.18	146	1.7	2.69	4.4
6B2	Fallow	11.4	5.5	4.2	0.21	163	2.7	0.38	3.1
7B1	Cultivated soil	16.8	5.3	4.1	0.17	140	1.9	1.61	3.6
7B2	Fallow	11.3	5.3	4.4	0.19	149	2.2	0.37	2.6
8B1	Cultivated soil	24.9	5.1	4.3	0.22	175	2.1	3.22	5.3
8B2	Fallow	13.7	5.3	4.1	0.18	149	1.8	0.81	2.6
8B3	Uncultivated soil	12.7	5.2	4.2	0.20	159	1.9	0.40	2.3
3C2	Fallow	15.1	5.1	4.2	0.30	232	2.0	0.65	2.7
4C2	Fallow	8.7	5.2	4.0	0.15	120	2.6	0.25	2.9
5C2	Fallow	13.8	5.1	4.1	0.21	157	2.0	0.70	2.7
6C1	Cultivated soil	38.9	5.0	4.5	0.20	163	4.5	4.48	9.0
6C2	Fallow	14.6	5.3	4.2	0.17	130	1.5	0.37	1.9
7C2	Fallow	9.8	5.3	4.1	0.20	146	1.8	0.20	2.0
8C1	Cultivated soil	20.8	5.0	4.3	0.25	190	2.1	3.01	5.1
8C2	Fallow	11.1	5.2	4.3	0.20	170	1.6	0.35	2.0
3D1	Cultivated soil	19.5	5.0	4.3	0.27	156	4.0	2.09	6.1
4D1	Cultivated soil	9.6	5.2	4.2	0.14	107	1.5	0.28	1.8
4D2	Fallow	12.9	5.1	4.3	0.19	130	1.7	0.28	2.0
5D2	Fallow	19.2	5.0	4.5	0.34	263	2.5	1.62	4.1
6D1	Cultivated soil	15.2	5.0	3.9	0.16	110	1.8	1.12	2.9
6D2	Fallow	15.6	5.0	4.4	0.26	168	1.7	0.41	2.1
7D1	Cultivated soil	12.9	5.0	4.2	0.15	121	1.3	0.87	2.2
7D2	Fallow	18.1	5.0	4.7	0.16	126	1.7	1.02	2.7
8D1	Cultivated soil	20.1	5.1	4.7	0.28	215	2.6	1.26	3.9
8D2	Fallow	20.6	5.1	4.4	0.33	271	2.4	0.81	3.2
1E1	Cultivated soil	25.7	4.8	4.0	0.26	201	2.1	2.41	4.5
1E2	Fallow	12.3	5.0	4.1	0.24	196	1.4	0.39	1.8
2E2	Fallow	11.2	5.0	4.0	0.23	183	1.2	0.22	1.4
3E2	Fallow	14.6	4.9	4.2	0.26	205	1.9	0.64	2.5
4E1	Cultivated soil	53.7	4.6	4.2	0.26	229	7.5	4.50	12.0
4E2	Fallow	10.8	5.1	4.2	0.16	143	1.3	0.36	1.7
5E1	Cultivated soil	18.6	5.0	4.3	0.19	164	1.9	2.11	4.0
5E2	Fallow	13.4	4.9	3.9	0.18	153	1.6	0.42	2.0
6E2	Fallow	14.6	4.8	3.9	0.17	122	1.9	0.41	2.3
7E1	Cultivated soil	20.1	4.9	4.8	0.22	173	2.0	1.23	3.2
7E2	Fallow	28.4	5.0	4.9	0.28	143	2.1	2.04	4.2
8E1	Cultivated soil	21.4	5.0	4.5	0.24	140	2.2	2.38	4.6
8E2	Fallow	13.2	5.1	4.2	0.20	168	2.1	0.62	2.7
1F2	Fallow	13.5	5.1	4.1	0.27	248	1.9	0.20	2.1
2F1	Cultivated soil	27.9	4.8	4.3	0.24	197	1.8	4.37	6.2
2F2	Fallow	12.0	5.1	4.0	0.23	193	1.7	0.14	1.8
3F2	Fallow	17.3	5.0	4.5	0.30	251	1.9	0.39	2.3
4F1	Cultivated soil	13.8	5.0	4.1	0.21	177	1.5	1.34	2.9
5F2	Fallow	11.7	4.9	4.0	0.23	181	1.8	0.36	2.2
6F1	Cultivated soil	23.8	4.8	4.3	0.26	214	1.7	1.85	3.5
6F2	Fallow	8.4	5.0	4.0	0.14	104	1.1	0.12	1.3
7F1	Cultivated soil	24.4	4.7	4.3	0.28	234	2.7	3.01	5.7
7F2	Fallow	28.8	4.6	4.2	0.22	108	2.5	3.66	6.1
8F3	Uncultivated soil	15.4	4.9	4.3	0.24	196	1.5	0.29	1.8
1G1	Cultivated soil	24.4	4.7	4.3	0.25	214	2.0	3.99	6.0
2G2	Fallow	12.5	5.0	4.2	0.19	156	1.3	0.29	1.6
3G2	Fallow	12.3	4.9	4.1	0.28	227	1.6	0.32	1.9
4G1	Cultivated soil	10.7	4.8	4.0	0.13	120	1.4	0.57	2.0
5G2	Fallow	34.5	4.7	4.6	0.38	318	3.2	2.07	5.2
6G1	Cultivated soil	187.3	4.4	4.0	0.28	272	17.6	15.69	33.3
7G1	Cultivated soil	19.8	4.9	4.0	0.23	199	1.6	2.73	4.3
7G2	Fallow	23.4	4.9	4.5	0.25	212	4.4	2.51	6.9
8G1	Cultivated soil	19.6	4.8	4.0	0.12	137	1.7	1.57	3.2
8G2	Fallow	21.2	5.1	4.8	0.24	193	1.9	0.57	2.5
	Mean	22.3	5.0	4.2	0.22	175.6	2.50	2.11	4.6
	SD	24.6	0.195	0.237	0.053	44.9	2.37	4.55	6.62
	Maximum	187.3	5.5	4.9	0.38	317.8	17.6	32.3	43.5
	Minimum	8.4	4.4	3.9	0.12	103.7	1.15	0.12	1.3

Correlation Analysis	*$EC_{2.5}$*	*pH-H_2O*	*pH-KCl*	*Organic Carbon*	*Total-N*	*NH4+ N*	*NO3- N*	*NH4+ & NO3_*
$EC_{2.5}$	1							
pH-H_2O	-0.571	1						
pH-KCl	0.071	0.014	1					
Organic Carbon	0.203	-0.275	0.347	1				
Total-N	0.369	-0.366	0.211	0.884	1			
NH4+ N	0.964	-0.518	0.021	0.198	0.365	1		
NO3- N	0.814	-0.493	0.059	0.083	0.266	0.812	1	
*NH4+ & NO3_*	0.904	-0.524	0.048	0.128	0.314	0.916	0.978	1

Figure 17. Análise química de rotina Parte 2

March 2011 **Routine Chemical analysis on ICRISAT Sadore Research station (sampling date 24-02-2011)**

Site ID	History	Bray P1 mg-P/kg	Water soluble P mg-P/kg	P-Melich mg-P/kg	Total-P mg-P/kg	Total-K mg-K/kg	Total-Na mg-Na/kg	Total-Ca mg-Ca/kg	Total-Mg mg-Mg/kg
1A1	Cultivated soil	17.9	3.22	23.7	94	526	182	109	48
1A2	Fallow	5.0	0.64	8.5	71	604	186	101	53
2A1	Cultivated soil	20.3	1.89	25.1	104	619	175	88	45
2A2	Fallow	4.7	0.70	7.8	75	540	160	77	38
3A2	Fallow	3.5	0.53	6.8	87	566	156	120	33
4A2	Fallow	13.6	1.25	18.3	108	532	157	119	40
5A2	Fallow	4.0	0.48	7.4	91	520	159	94	46
6A2	Fallow	16.7	2.13	23.2	109	496	210	88	39
7A1	Cultivated soil	31.7	3.97	36.0	139	550	156	75	40
7A2	Fallow	12.2	1.55	18.5	118	509	158	95	44
8A1	Cultivated soil	5.8	0.50	9.4	112	525	160	80	50
8A2	Fallow	2.8	0.97	6.1	101	459	153	95	45
8A3	Uncultivated soil	2.4	0.64	5.3	95	600	174	87	57
1B2	Fallow	6.7	0.79	10.2	108	542	147	112	44
2B2	Fallow	2.9	0.79	5.9	108	541	157	123	65
3B2	Fallow	4.0	0.90	7.4	118	561	148	153	65
4B2	Fallow	4.2	0.81	7.6	108	538	149	123	54
5B1	Cultivated soil	30.9	3.73	35.2	196	489	153	173	45
6B1	Cultivated soil	18.8	2.35	25.3	138	502	153	210	47
6B2	Fallow	9.9	0.90	14.5	126	527	153	126	46
7B1	Cultivated soil	21.3	2.89	27.4	145	523	155	119	38
7B2	Fallow	6.1	0.79	10.8	124	515	183	149	54
8B1	Cultivated soil	3.4	0.92	7.6	97	476	155	107	45
8B2	Fallow	7.1	1.32	11.8	134	491	154	100	44
8B3	Uncultivated soil	3.6	0.81	6.7	118	495	158	115	56
3C2	Fallow	6.4	0.64	10.2	142	670	166	153	78
4C2	Fallow	4.5	0.68	8.6	118	530	147	93	64
5C2	Fallow	6.5	1.10	10.0	121	529	160	107	58
6C1	Cultivated soil	48.9	7.47	43.6	189	548	163	189	68
6C2	Fallow	58.1	4.38	19.5	239	516	150	265	53
7C2	Fallow	24.5	1.66	26.6	148	517	149	76	59
8C1	Cultivated soil	3.5	0.88	6.8	119	520	143	107	62
8C2	Fallow	3.3	0.72	6.5	118	534	147	96	53
3D1	Cultivated soil	9.2	0.74	13.0	146	568	158	124	57
4D1	Cultivated soil	23.1	2.37	26.6	158	510	152	85	54
4D2	Fallow	11.4	1.55	14.9	126	480	152	99	41
5D2	Fallow	4.5	1.14	8.4	134	640	168	154	68
6D1	Cultivated soil	23.6	3.09	28.5	146	449	145	68	42
6D2	Fallow	9.6	1.32	14.9	149	502	154	127	64
7D1	Cultivated soil	29.2	2.37	32.6	168	557	162	115	53
7D2	Fallow	15.0	2.41	22.2	141	443	171	116	47
8D1	Cultivated soil	8.7	1.64	13.6	126	535	172	158	42
8D2	Fallow	5.1	0.90	9.3	136	516	178	135	75
1E1	Cultivated soil	26.5	3.73	32.1	155	556	169	91	44
1E2	Fallow	9.6	0.90	15.0	136	602	171	98	75
2E2	Fallow	7.0	0.75	11.9	145	557	175	85	53
3E2	Fallow	8.4	1.36	13.4	146	588	178	116	87
4E1	Cultivated soil	27.9	4.54	31.3	198	621	182	147	73
4E2	Fallow	15.6	1.69	21.3	172	573	179	99	78
5E1	Cultivated soil	13.3	2.01	20.0	166	532	164	110	48
5E2	Fallow	24.4	2.08	30.3	179	575	181	74	50
6E2	Fallow	20.9	2.30	27.4	175	530	167	78	49
7E1	Cultivated soil	16.4	1.20	23.8	190	495	169	197	46
7E2	Fallow	12.0	2.24	19.4	175	533	172	182	51
8E1	Cultivated soil	5.9	0.72	10.5	166	624	176	139	60
8E2	Fallow	5.4	0.57	10.2	156	630	174	95	72
1F2	Fallow	4.4	0.61	9.2	165	616	175	153	58
2F1	Cultivated soil	5.2	1.34	10.0	151	615	171	85	65
2F2	Fallow	4.0	0.74	8.7	145	645	174	89	59
3F2	Fallow	3.9	0.99	8.6	166	655	183	157	92
4F1	Cultivated soil	3.8	1.07	8.1	151	579	177	69	71
5F2	Fallow	4.4	0.66	8.5	152	709	174	60	77
6F1	Cultivated soil	22.1	3.66	28.5	207	551	176	131	83
6F2	Fallow	12.7	0.61	18.0	163	550	162	38	65
7F1	Cultivated soil	22.7	2.30	33.1	227	618	177	194	79
7F2	Fallow	25.5	2.59	33.1	175	549	170	54	51
8F3	Uncultivated soil	4.4	0.92	8.8	152	624	165	87	92
1G1	Cultivated soil	8.9	0.61	13.0	175	673	185	144	109
2G2	Fallow	5.1	0.70	9.4	163	604	161	69	75
3G2	Fallow	7.7	0.59	12.2	175	654	180	93	113
4G1	Cultivated soil	6.2	0.88	10.6	165	577	173	52	100
5G2	Fallow	8.3	0.72	11.7	185	725	187	197	135
6G1	Cultivated soil	106.7	8.87	32.6	530	693	213	731	86
7G1	Cultivated soil	16.7	1.95	22.1	195	646	197	103	105
7G2	Fallow	9.3	0.75	14.9	182	649	177	129	108
8G1	Cultivated soil	25.4	3.15	31.5	207	552	171	98	90
8G2	Fallow	6.6	1.27	12.6	172	566	165	138	100
	Mean	13.8	1.7	16.8	150.8	562	167	123	62
	SD	15.1	1.478	9.51	55.9	61.3	14.1	80.9	21.0
	Maximum	106.7	8.9	43.6	530.0	725	213	731	135
	Minimum	2.4	0.5	5.3	71.0	443	143	38	33

Correlation Analysis	Bray P1	Water soluble P	P-Melich	Total-P	Total-K	Total-Na	Total-Ca	Total-Mg
Bray P1	1							
Water soluble P	0.917	1						
P-Melich	0.736	0.798	1					
Total-P	0.804	0.677	0.475	1				
Total-K	0.034	-0.059	-0.141	0.363	1			
Total-Na	0.238	0.203	0.147	0.439	0.568	1		
Total-Ca	0.723	0.602	0.225	0.792	0.233	0.326	1	
Total-Mg	-0.016	-0.061	-0.117	0.402	0.697	0.457	0.168	1

Figure 18. Bases permutáveis e CEC

March 2011 Exchangeable Bases and Cation exchange Capacity on ICRISAT Sadore Research station (sampling date 24-02-2011)

Site ID	History	H+ cmol+/kg	Al3+ cmol+/kg	Na+ cmol+/kg	K+ cmol+/kg	Ca2+ cmol+/kg	Mg2+ cmol+/kg	CEC cmol+/kg
1A1	Cultivated soil	0.14	0.16	0.06	0.13	0.44	0.16	1.4
1A2	Fallow	0.16	0.20	0.06	0.14	0.38	0.17	1.7
2A1	Cultivated soil	0.20	0.29	0.07	0.11	0.30	0.08	1.6
2A2	Fallow	0.15	0.24	0.07	0.11	0.30	0.14	1.6
3A2	Fallow	0.12	0.08	0.06	0.13	0.52	0.23	1.8
4A2	Fallow	0.10	0.05	0.07	0.18	0.45	0.19	1.7
5A2	Fallow	0.12	0.16	0.07	0.19	0.39	0.17	1.5
6A2	Fallow	0.13	0.19	0.07	0.14	0.26	0.11	1.5
7A1	Cultivated soil	0.17	0.22	0.08	0.15	0.25	0.10	1.5
7A2	Fallow	0.12	0.16	0.06	0.14	0.26	0.11	1.5
8A1	Cultivated soil	0.20	0.34	0.06	0.07	0.17	0.06	1.4
8A2	Fallow	0.10	0.08	0.06	0.13	0.28	0.14	1.5
8A3	Uncultivated soil	0.19	0.30	0.06	0.14	0.22	0.12	1.6
1B2	Fallow	0.19	0.25	0.06	0.14	0.33	0.14	1.8
2B2	Fallow	0.11	0.11	0.05	0.13	0.39	0.16	1.5
3B2	Fallow	0.10	0.06	0.05	0.15	0.57	0.26	1.8
4B2	Fallow	0.20	0.22	0.05	0.12	0.36	0.15	1.6
5B1	Cultivated soil	0.17	0.18	0.07	0.11	0.44	0.10	1.6
6B1	Cultivated soil	0.03	0.00	0.06	0.11	0.91	0.14	1.7
6B2	Fallow	0.12	0.15	0.06	0.13	0.42	0.17	1.6
7B1	Cultivated soil	0.15	0.14	0.06	0.12	0.36	0.11	1.5
7B2	Fallow	0.10	0.04	0.06	0.13	0.41	0.18	1.6
8B1	Cultivated soil	0.11	0.06	0.05	0.19	0.37	0.18	1.4
8B2	Fallow	0.14	0.15	0.06	0.14	0.25	0.11	1.7
8B3	Uncultivated soil	0.11	0.12	0.06	0.13	0.30	0.15	1.4
3C2	Fallow	0.18	0.19	0.06	0.17	0.45	0.21	1.7
4C2	Fallow	0.19	0.37	0.06	0.10	0.22	0.09	1.6
5C2	Fallow	0.16	0.19	0.05	0.14	0.30	0.12	1.6
6C1	Cultivated soil	0.08	0.02	0.09	0.21	0.73	0.16	1.7
6C2	Fallow	0.14	0.14	0.05	0.16	0.32	0.12	1.5
7C2	Fallow	0.18	0.24	0.05	0.11	0.26	0.11	1.5
8C1	Cultivated soil	0.11	0.07	0.04	0.14	0.46	0.20	1.9
8C2	Fallow	0.11	0.12	0.06	0.14	0.38	0.17	1.7
3D1	Cultivated soil	0.14	0.10	0.06	0.14	0.52	0.22	1.8
4D1	Cultivated soil	0.15	0.18	0.06	0.11	0.33	0.14	1.5
4D2	Fallow	0.12	0.11	0.05	0.14	0.37	0.16	1.5
5D2	Fallow	0.09	0.04	0.05	0.16	0.56	0.29	1.9
6D1	Cultivated soil	0.19	0.21	0.04	0.10	0.25	0.09	1.5
6D2	Fallow	0.04	0.06	0.04	0.13	0.49	0.19	1.7
7D1	Cultivated soil	0.08	0.19	0.06	0.11	0.35	0.14	1.6
7D2	Fallow	0.03	0.00	0.05	0.16	0.41	0.18	1.8
8D1	Cultivated soil	0.07	0.00	0.05	0.16	0.65	0.25	2.1
8D2	Fallow	0.07	0.09	0.06	0.15	0.51	0.25	2.0
1E1	Cultivated soil	0.17	0.21	0.06	0.18	0.28	0.14	1.9
1E2	Fallow	0.14	0.33	0.06	0.13	0.29	0.16	2.0
2E2	Fallow	0.14	0.28	0.06	0.11	0.29	0.12	1.8
3E2	Fallow	0.08	0.15	0.06	0.15	0.43	0.17	1.9
4E1	Cultivated soil	0.07	0.13	0.06	0.18	0.48	0.16	1.8
4E2	Fallow	0.07	0.22	0.06	0.11	0.36	0.13	1.8
5E1	Cultivated soil	0.04	0.07	0.06	0.17	0.45	0.22	1.9
5E2	Fallow	0.15	0.34	0.05	0.10	0.25	0.09	1.8
6E2	Fallow	0.13	0.25	0.06	0.12	0.26	0.13	1.7
7E1	Cultivated soil	0.02	0.00	0.05	0.12	0.79	0.24	2.0
7E2	Fallow	0.03	0.00	0.04	0.17	0.69	0.23	2.1
8E1	Cultivated soil	0.07	0.00	0.04	0.17	0.59	0.28	2.0
8E2	Fallow	0.11	0.17	0.04	0.18	0.35	0.15	1.8
1F2	Fallow	0.15	0.23	0.04	0.13	0.33	0.14	1.9
2F1	Cultivated soil	0.06	0.07	0.07	0.16	0.61	0.22	1.9
2F2	Fallow	0.15	0.25	0.04	0.13	0.37	0.16	1.9
3F2	Fallow	0.06	0.00	0.06	0.22	0.55	0.26	2.0
4F1	Cultivated soil	0.10	0.17	0.06	0.09	0.40	0.14	1.8
5F2	Fallow	0.15	0.34	0.06	0.11	0.33	0.14	1.8
6F1	Cultivated soil	0.06	0.07	0.09	0.12	0.54	0.20	1.8
6F2	Fallow	0.13	0.34	0.05	0.10	0.29	0.09	1.8
7F1	Cultivated soil	0.08	0.10	0.06	0.10	0.68	0.16	2.0
7F2	Fallow	0.09	0.16	0.08	0.20	0.34	0.16	1.8
8F3	Uncultivated soil	0.06	0.08	0.06	0.19	0.48	0.23	1.9
1G1	Cultivated soil	0.05	0.08	0.07	0.14	0.64	0.21	2.2
2G2	Fallow	0.08	0.16	0.06	0.13	0.43	0.20	1.9
3G2	Fallow	0.16	0.27	0.06	0.14	0.39	0.15	1.8
4G1	Cultivated soil	0.13	0.24	0.05	0.09	0.25	0.09	1.5
5G2	Fallow	0.06	0.02	0.08	0.19	0.98	0.30	2.1
6G1	Cultivated soil	0.15	0.17	0.16	0.31	0.61	0.21	2.1
7G1	Cultivated soil	0.11	0.18	0.06	0.11	0.46	0.15	1.9
7G2	Fallow	0.05	0.02	0.06	0.16	0.56	0.26	2.0
8G1	Cultivated soil	0.10	0.17	0.06	0.10	0.39	0.09	1.8
8G2	Fallow	0.02	0.00	0.06	0.24	0.60	0.29	2.2
	Mean	0.11	0.15	0.06	0.14	0.42	0.17	1.7
	SD	0.048	0.099	0.015	0.038	0.159	0.056	0.203
	Maximum	0.20	0.37	0.16	0.31	0.98	0.30	2.2
	Minimum	0.02	0.00	0.04	0.07	0.17	0.06	1.4

Correlation Analysis	H+	Al3+	Na+	K+	Ca2+	Mg2+	CEC
H+	1						
Al3+	0.784	1					
Na+	0.035	0.000	1				
K+	-0.337	-0.491	0.463	1			
Ca2+	-0.692	-0.744	0.205	0.398	1		
Mg2+	-0.655	-0.749	0.025	0.581	0.739	1	
CEC	-0.538	-0.359	0.137	0.406	0.625	0.657	1

Figure 19. Micronutrientes extraíveis DPTA

March 2011 Extractable Metals, Diethylenetriaminepenta Acetic Acid (DTPA) on ICRISAT Sadore Research station (sampling date 24-02-2011)

Site ID	History	DPTA-Cu mg-Cu/kg	DTPA-Fe mg-Fe/kg	DTPA-Mn mg-Mn/kg	DTPA-Zn mg-Zn/kg
1A1	Cultivated soil	0.89	10.3	7.8	0.27
1A2	Fallow	1.58	7.5	6.1	0.17
2A1	Cultivated soil	1.43	8.1	3.6	0.16
2A2	Fallow	1.47	6.3	4.5	0.15
3A2	Fallow	1.08	6.3	5.8	0.14
4A2	Fallow	1.03	6.3	4.6	0.25
5A2	Fallow	1.04	7.1	4.8	0.17
6A2	Fallow	0.98	7.1	3.4	1,09
7A1	Cultivated soil	0.66	9.6	3.4	0.52
7A2	Fallow	1.08	5.8	3.8	0.27
8A1	Cultivated soil	1.13	5.6	1.9	0.10
8A2	Fallow	0.75	4.4	3.7	0.29
8A3	Uncultivated soil	0.53	6.8	4.9	0.15
1B2	Fallow	0.60	8.7	5.4	0.15
2B2	Fallow	0.67	4.9	5.9	0.11
3B2	Fallow	1.12	7.3	6.7	0.17
4B2	Fallow	0.85	8.2	5.5	0.13
5B1	Cultivated soil	0.82	20.3	5.0	1.11
6B1	Cultivated soil	0.52	6.9	4.8	0.24
6B2	Fallow	0.35	6.9	5.5	0.17
7B1	Cultivated soil	0.56	8.8	7.5	0.28
7B2	Fallow	0.52	5.1	6.2	0.22
8B1	Cultivated soil	0.45	6.6	8.7	0.28
8B2	Fallow	0.50	6.8	5.2	0.21
8B3	Uncultivated soil	0.36	7.9	4.9	0.20
3C2	Fallow	0.47	7.9	5.9	0.15
4C2	Fallow	0.41	6.0	4.1	0.10
5C2	Fallow	0.48	8.8	6.6	0.40
6C1	Cultivated soil	0.60	9.3	3.1	0.69
6C2	Fallow	0.62	9.2	4.1	0.28
7C2	Fallow	1.13	9.1	2.1	0.16
8C1	Cultivated soil	0.49	9.6	9.4	0.22
8C2	Fallow	0.85	5.8	5.8	0.14
3D1	Cultivated soil	0.92	8.1	9.1	0.18
4D1	Cultivated soil	0.41	8.7	2.8	0.18
4D2	Fallow	0.44	6.8	4.3	0.18
5D2	Fallow	0.38	8.0	10.2	0.23
6D1	Cultivated soil	0.57	9.8	4.6	0.13
6D2	Fallow	0.78	7.1	7.4	0.34
7D1	Cultivated soil	0.38	8.2	2.8	0.17
7D2	Fallow	0.50	5.7	5.5	0.19
8D1	Cultivated soil	0.50	7.6	10.2	0.44
8D2	Fallow	0.71	9.2	9.3	0.36
1E1	Cultivated soil	0.81	10.3	6.0	0.21
1E2	Fallow	0.47	8.6	4.6	0.15
2E2	Fallow	0.52	7.9	4.3	0.08
3E2	Fallow	0.54	9.2	6.7	0.21
4E1	Cultivated soil	0.49	15.5	7.5	1.09
4E2	Fallow	0.54	8.0	3.1	0.15
5E1	Cultivated soil	0.62	6.1	5.7	0.14
5E2	Fallow	0.82	12.4	3.6	0.17
6E2	Fallow	0.29	8.9	2.7	0.07
7E1	Cultivated soil	0.81	6.7	9.7	0.73
7E2	Fallow	0.42	8.1	8.1	0.51
8E1	Cultivated soil	0.39	5.7	8.9	0.17
8E2	Fallow	0.50	7.1	4.1	0.05
1F2	Fallow	0.51	8.4	5.7	0.07
2F1	Cultivated soil	0.39	9.1	10.0	0.21
2F2	Fallow	0.32	8.6	5.5	0.09
3F2	Fallow	0.36	7.0	6.8	0.19
4F1	Cultivated soil	0.48	8.2	6.4	0.10
5F2	Fallow	0.42	8.9	6.0	0.11
6F1	Cultivated soil	0.91	14.7	7.2	0.72
6F2	Fallow	0.73	7.6	2.5	0.05
7F1	Cultivated soil	0.88	10.2	10.0	0.80
7F2	Fallow	0.53	12.1	3.8	0.45
8F3	Uncultivated soil	0.36	5.7	6.2	0.07
1G1	Cultivated soil	0.39	8.3	8.5	0.12
2G2	Fallow	0.24	6.8	5.7	0.03
3G2	Fallow	0.89	8.9	4.9	0.06
4G1	Cultivated soil	0.42	7.0	3.5	0.03
5G2	Fallow	0.26	9.8	9.8	0.18
6G1	Cultivated soil	0.60	20.8	5.5	1.04
7G1	Cultivated soil	0.32	9.7	5.8	0.25
7G2	Fallow	0.51	8.1	10.4	0.47
8G1	Cultivated soil	0.30	9.5	4.4	0.17
8G2	Fallow	0.50	6.3	6.8	0.27
	Mean	0.64	8.4	5.8	0.27
	SD	0.291	2.78	2.18	0.249
	Maximum	1.58	20.8	10.4	1.11
	Minimum	0.24	4.4	1.9	0.03

Correlation Analysis	DPTA-Cu	DTPA-Fe	DTPA-Mn	DTPA-Zn
DPTA-Cu	1			
DTPA-Fe	-0.023	1		
DTPA-Mn	-0.184	0.051	1	
DTPA-Zn	0.117	0.629	0.199	1

Figure 20. Análise granulométrica

March 2011 Particle size analysis on selected soil samples from ICRISAT Sadore station Dated 24-02-2011

Site ID	History	% Sand	% Silt	% Clay
		2000-50µm	50-2µm	< 2µm
1A1	Cultivated soil	95.0	2.5	2.5
1A2	Fallow	94.6	2.5	3.0
2A1	Cultivated soil	94.7	2.3	3.0
7A1	Cultivated soil	95.4	2.0	2.5
8A1	Cultivated soil	94.0	2.2	3.7
2B2	Fallow	95.7	2.2	2.1
5B1	Cultivated soil	96.0	1.8	2.2
6B1	Cultivated soil	96.9	1.3	1.8
7B1	Cultivated soil	96.3	1.7	2.0
8B1	Cultivated soil	94.9	2.7	2.4
3C2	Fallow	94.1	2.4	3.4
6C1	Cultivated soil	95.8	2.2	2.0
8C1	Cultivated soil	96.0	2.1	1.9
3D1	Cultivated soil	94.6	2.7	2.7
4D1	Cultivated soil	96.9	1.6	1.5
4D2	Fallow	95.6	2.4	2.0
6D1	Cultivated soil	97.1	1.6	1.4
7D1	Cultivated soil	96.4	1.4	2.3
8D1	Cultivated soil	96.0	2.0	2.0
8D2	Fallow	96.6	1.8	1.6
4E1	Cultivated soil	95.8	2.3	1.9
5E1	Cultivated soil	96.0	1.7	2.3
5E2	Fallow	94.6	2.3	3.1
7E1	Cultivated soil	96.1	2.2	1.7
8E1	Cultivated soil	94.1	2.8	3.1
2F1	Cultivated soil	94.8	2.5	2.8
2F2	Fallow	93.9	2.8	3.3
4F1	Cultivated soil	95.7	2.0	2.3
6F2	Fallow	95.1	2.1	2.9
7F1	Cultivated soil	93.3	3.5	3.1
1G1	Cultivated soil	94.2	2.8	3.1
4G1	Cultivated soil	94.9	1.7	3.4
6G1	Cultivated soil	94.8	1.8	3.4
7G1	Cultivated soil	94.0	2.8	3.1
8G1	Cultivated soil	95.7	2.2	2.2
8G2	Fallow	96.4	1.8	1.8
	Mean	95.3	2.2	2.5
	SD	0.971	0.477	0.634
	Maximum	97.1	3.5	3.7
	Minimum	93.3	1.3	1.4

Correlation Analysis	% Sand	% Silt	% Clay
% Sand	1		
% Silt	-0.829	1	
% Clay	-0.907	0.518	1

Figure 21. Análise estatísticaParte 1

Analytical parameters	n	Mean	95% CI		SE	SD
EC2.5 - (µS/cm)	77	22.34	16.76	to 27.92	2.802	24.588
pH-H2O - (1:2.5)	77	5.02	4.97	to 5.06	0.022	0.195
pH-KCl - (1:2.5)	77	4.22	4.17	to 4.28	0.027	0.237
Organic Carbon - %-C.Org	77	0.220	0.21	to 0.23	0.0060	0.0530
Total-N - mg-N/kg	77	175.6	165.45	to 185.84	5.12	44.90
NH4+ N - mg-N/kg	77	2.50	1.96	to 3.04	0.270	2.368
NO3- N - mg-N/kg	77	2.107	1.07	to 3.14	0.5190	4.5543
NH4+ & NO3_ - mg-N/kg	77	4.61	3.10	to 6.11	0.755	6.624
Bray P1 - mg-P/kg	77	13.79	10.37	to 17.21	1.717	15.071
Water soluble P - mg-P/kg	77	1.684	1.35	to 2.02	0.1684	1.4778
P-Melich - mg-P/kg	77	16.81	14.65	to 18.96	1.084	9.508
Total-P - mg-P/kg	77	150.8	138.11	to 163.47	6.37	55.87
Total-K - mg-K/kg	77	562.0	548.11	to 575.94	6.99	61.31
Total-Na - mg-Na/kg	77	167.0	163.81	to 170.22	1.61	14.12
Total-Ca - mg-Ca/kg	77	123.1	104.76	to 141.49	9.22	80.92
Total-Mg - mg-Mg/kg	77	62.5	57.70	to 67.23	2.39	20.98
H+ - cmol+/kg	77	0.114	0.10	to 0.12	0.0055	0.0479
Al3+ - cmol+/kg	77	0.149	0.13	to 0.17	0.0112	0.0986
Na+ - cmol+/kg	77	0.059	0.06	to 0.06	0.0017	0.0152
K+ - cmol+/kg	77	0.142	0.13	to 0.15	0.0043	0.0380
Ca2+ - cmol+/kg	77	0.424	0.39	to 0.46	0.0181	0.1588
Mg2+ - cmol+/kg	77	0.166	0.15	to 0.18	0.0064	0.0561
CEC – cmol+/kg	77	1.75	1.70	to 1.79	0.023	0.203
DPTA-Cu - mg-Cu/kg	77	0.638	0.57	to 0.70	0.0332	0.2911
DTPA-Fe - mg-Fe/kg	77	8.37	7.74	to 9.01	0.317	2.780
DTPA-Mn - mg-Mn/kg	77	5.81	5.32	to 6.30	0.248	2.179
DTPA-Zn - mg-Zn/kg	77	0.270	0.21	to 0.33	0.0284	0.2490
% Sand - 2000-50µm	36	95.33	95.00	to 95.66	0.162	0.971
% Silt - 50-2µm	36	2.18	2.02	to 2.34	0.080	0.477
% Clay - < 2µm	36	2.49	2.28	to 2.70	0.106	0.634

Figure 22. Análise estatística Parte 2

Analytical parameters	n	Min	1st Quartile	Median	95% CI		3rd Quartile	Max	IQR
EC2.5 - (µS/cm)	77	8.4	12.92	16.76	14.62	to 18.78	21.22	187.3	8.29
pH-H2O - (1:2.5)	77	4.4	4.90	5.04	4.98	to 5.08	5.14	5.5	0.24
pH-KCl - (1:2.5)	77	3.9	4.07	4.16	4.11	to 4.25	4.32	4.9	0.26
Organic C - %-C.Org	77	0.12	0.176	0.219	0.20	to 0.24	0.259	0.38	0.083
Total-N - mg-N/kg	77	104	141.7	169.8	155.89	to 193.35	202.7	318	60.9
NH4+ N - mg-N/kg	77	1.1	1.66	1.90	1.79	to 2.02	2.22	17.6	0.55
NO3- N - mg-N/kg	77	0.12	0.392	0.866	0.62	to 1.24	2.079	32.30	1.687
NH4+ & NO3_ mg-N/kg	77	1.3	2.14	2.88	2.52	to 3.23	4.22	43.5	2.08
Bray P1 - mg-P/kg	77	2.4	4.63	8.67	6.41	to 12.25	19.28	106.7	14.65
Water soluble Pmg-P/kg	77	0.48	0.736	1.104	0.90	to 1.55	2.263	8.87	1.527
P-Melich - mg-P/kg	77	5.3	8.75	13.04	10.51	to 18.34	24.22	43.6	15.47
Total-P - mg-P/kg	77	71	117.9	146.4	136.42	to 156.31	171.9	530	54.0
Total-K - mg-K/kg	77	443	519.7	550.4	533.01	to 566.14	607.9	725	88.2
Total-Na - mg-Na/kg	77	143	155.7	167.0	160.35	to 172.05	175.8	213	20.1
Total-Ca - mg-Ca/kg	77	38	87.9	107.4	97.65	to 119.10	138.0	731	50.1
Total-Mg - mg-Mg/kg	77	33	46.0	57.0	52.50	to 63.75	74.8	135	28.8
H+ - cmol+/kg	77	0.02	0.075	0.114	0.10	to 0.13	0.150	0.20	0.075
Al3+ - cmol+/kg	77	0.00	0.070	0.155	0.11	to 0.18	0.215	0.37	0.145
Na+ - cmol+/kg	77	0.04	0.053	0.058	0.06	to 0.06	0.063	0.16	0.011
K+ - cmol+/kg	77	0.07	0.114	0.136	0.13	to 0.14	0.164	0.31	0.050
Ca2+ - cmol+/kg	77	0.17	0.299	0.390	0.36	to 0.44	0.512	0.98	0.213
Mg2+ - cmol+/kg	77	0.06	0.127	0.159	0.14	to 0.17	0.204	0.30	0.077
CEC - cmol+/kg	77	1.4	1.58	1.76	1.66	to 1.81	1.89	2.2	0.31
DPTA-Cu - mg-Cu/kg	77	0.24	0.417	0.528	0.50	to 0.62	0.820	1.58	0.403
DTPA-Fe - mg-Fe/kg	77	4.4	6.82	8.07	7.31	to 8.64	9.15	20.8	2.32
DTPA-Mn - mg-Mn/kg	77	1.9	4.23	5.55	4.93	to 5.98	6.95	10.4	2.71
DTPA-Zn - mg-Zn/kg	77	0.03	0.141	0.178	0.17	to 0.21	0.277	1.11	0.136
% Sand - 2000-50µm	36	93.3	94.63	95.53	94.76	to 95.96	96.03	97.1	1.40
% Slit - 50-2µm	36	1.3	1.79	2.19	2.01	to 2.39	2.48	3.5	0.69
% Clay - < 2µm	36	1.4	1.97	2.37	2.01	to 2.95	3.09	3.7	1.12

Figure 23. Correlação entre Mehlich P e Bray Pl

Disponível P (Mehlich vs Bray 1)

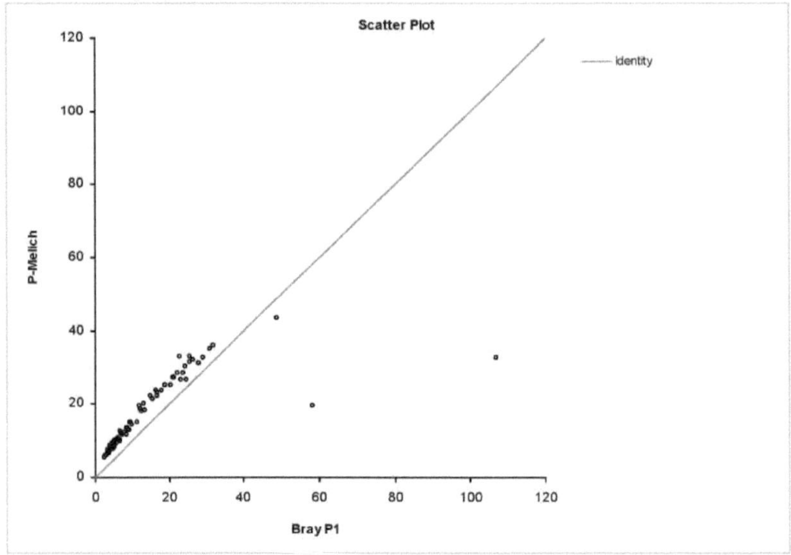

Figure 24. Correlação entre P solúvel em água e Bray Pl

Disponível P (Solúvel em água vs Bray 1)

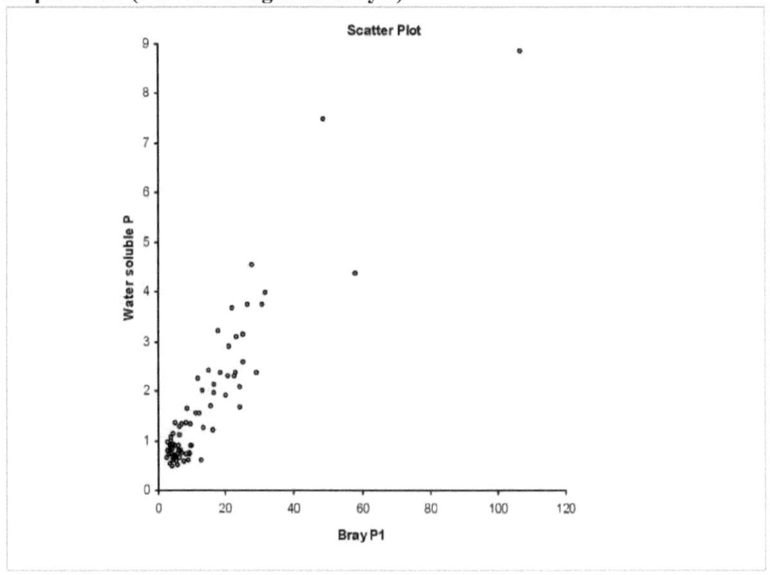

Capítulo 5

Discussão e Conclusão

O capítulo anterior apresentou os resultados dos vários testes químicos que foram realizados nas amostras de solo. O objectivo deste estudo era fornecer resultados de testes de amostras de solo que seriam úteis para os investigadores no futuro. Para este fim, as tarefas foram cumpridas. Os resultados do estudo produziram aquele início de uma base de dados que pode ser construída para incluir um mapeamento que demonstre as várias tendências dos resultados num mapa da estação de investigação ICRISAT Sadore.

Os mapas produzidos através desta análise podem estar na selecção do local de estudos futuros,. Também fornecem pistas quanto a quaisquer resultados anómalos que sejam encontrados para vários elementos.

Esta investigação explorou várias hipóteses importantes e numerosas questões de investigação. A primeira hipótese afirmava que serão encontradas diferenças de solos entre várias áreas do Centro Sahelian da estação de investigação ICRISAT. Neste caso, a hipótese é válida. Foram encontradas diferenças significativas em áreas. Isto sustenta a ideia encontrada na revisão bibliográfica de que os solos não são homogéneos e que diferenças dramáticas na composição e nutrição do solo podem ser encontradas no solo. Estas diferenças dificultam a obtenção de condições de teste uniformes na pesquisa de plantas.

Em vários casos, estas diferenças foram suficientes para causar um distúrbio no crescimento das plantas. Esta é uma das aplicações mais valiosas dos resultados encontrados durante este estudo. Com esta informação, os investigadores poderiam encontrar uma razão para atribuir as suas descobertas ou comportamentos vegetais a uma única causa. Sem os resultados actuais da amostragem do solo, isto não seria possível. Isto apoia a Hipótese #2 que afirma que as diferenças encontradas na nutrição do solo seriam suficientes para cravar as diferenças no crescimento das plantas.

Esta hipótese foi considerada verdadeira. Em geral, foram encontradas diferenças entre os lados oriental e ocidental da estação de investigação. Em todos os testes realizados, parece haver uma linha aproximada onde esta divisão ocorreu. Não foram encontrados padrões no que diz respeito aos tipos de solo que pudessem explicar estas descobertas. Não foi encontrada uma linha clara nos mapas que se correlacionasse com os padrões encontrados nos resultados dos testes. Quando o uso do solo foi examinado, não foram encontrados padrões que pudessem explicar estas diferenças.

Encontrar uma explicação para resultados em que padrões como estes são frequentemente difíceis ou o investigador. Uma base de dados como esta pode fornecer pistas em muitos casos. No entanto, como se pode ver, isto não é verdade em todos os casos. O investigador não forneceu informação suficiente sobre o uso passado da terra ou sobre os tipos de experiências que foram realizadas nestas duas áreas que foram descobertas como sendo diferentes através da análise.

Ambas as hipóteses deste estudo de investigação foram consideradas verdadeiras. Foi encontrada informação valiosa sobre como aplicar estes resultados ao "mundo real". No entanto, a fim de compreender plenamente estas questões, temos de explorar as questões de investigação. A primeira pergunta de investigação foi: "Até que ponto é que o solo difere em fertilidade nos vários locais do Centro Sahelian da estação de investigação ICRISAT?" A resposta a esta pergunta depende do elemento que se tende a considerar. Se considerarmos os elementos imóveis, a maior parte das descobertas foram numa banda relativamente estreita. No entanto, para elementos móveis como o azoto, foi encontrada uma variabilidade considerável. A demarcação entre os lados oriental e ocidental do local foi a descoberta mais surpreendente do estudo e não foi possível encontrar uma explicação razoável.

A próxima pergunta de pesquisa feita, "Existe algum elemento chave ou conjunto de nutrientes deficiente numa grande porção das amostras de solo? A resposta a isto é em grande parte que o solo parece ter em geral boa terra, com apenas uma pequena porção do solo deficiente. No entanto, as deficiências encontradas não foram graves. O Níger não é conhecido por ser o melhor solo. É conhecido por ter solo pobre, o que torna difícil obter rendimentos suficientes. O solo da

Estação Sadore da ICRISAT foi melhorado e alterado artificialmente muitas vezes. Não se sabe se as condições do solo que existem na Estação Sadore são o resultado do uso contínuo e melhoramento do solo para fins de investigação, ou se a Estação Sadore se situa numa área fértil no meio de um ambiente de outro modo severo.

Em relação à segunda questão de investigação, o pH e a condutividade eléctrica foram considerados como os resultados de teste mais surpreendentes. O solo da estação Sadore foi considerado ácido, muito abaixo do pH considerado óptimo para o crescimento e rendimento máximo das plantas. Não se pode determinar se esta é uma condição natural da estação, ou se é o resultado de uma calagem contínua e de uma melhoria do solo.

A questão-chave que surgiu nos resultados do estudo é se os resultados encontrados se deviam às condições naturais do solo ou se eram o resultado das actividades de investigação na estação. No entanto, esta questão apoia a necessidade de um estudo mais aprofundado sobre o assunto. Na revisão bibliográfica, verificou-se que muitos dos estudos ou se basearam em resultados de testes antigos ou não utilizaram de todo resultados de testes anteriores. Isto prejudica gravemente a qualidade da investigação passada na estação. Se os resultados das amostras de solo forem devidos a actividades de investigação na estação, então estes valores estarão em constante mudança.

Suspeita-se que a actividade humana na estação está a ter o efeito de criar um ambiente de solo mais dinâmico do que o existente na área circundante. À medida que os seres humanos realizam investigação e modificam o solo para satisfazer as suas necessidades, estão a criar condições artificiais de solo. Isto indica a necessidade da base de dados que é o resultado deste estudo de investigação. Contudo, indica também a necessidade de testes e monitorização dedicados e contínuos para garantir que os valores de referência utilizados continuam a ser válidos. Os testes contínuos no futuro fornecerão também uma visão de quanto as actividades agrícolas podem afectar as taxas e os tipos de mudança no ambiente natural.

A terceira questão no estudo de investigação foi o quão significativas são as diferenças no nível de nutrientes entre os locais da estação. Os resultados constataram que certos elementos eram relativamente uniformes, enquanto outros flutuavam drasticamente. Não surpreendentemente, os níveis de azoto flutuaram num padrão quase aleatório. Isto deve-se à natureza do nitrogénio e à sua rápida capacidade de lixiviação. Muitos nutrientes, tais como Cu, Fe, Mn e K, foram encontrados em quantidades suficientes para o crescimento normal das plantas.

Esta descoberta sugere que é necessário fazer mais investigação na estação para determinar como fornecer mais dos nutrientes que as plantas necessitam numa forma que possam utilizar. Também pode ser devido ao baixo pH que foi difundido no local, mas não há informação suficiente actualmente disponível para fazer essa determinação. Embora o solo tenha sido modificado na estação, o solo ainda é pobre porque as plantas não conseguem absorver os nutrientes de que necessitam. Tal como as outras descobertas como esta, não se pode determinar se estas condições são feitas pelo homem, ou se são um fenómeno que ocorre naturalmente devido às condições naturais do solo no local.

A quarta questão de investigação é como as condições do solo na estação afectariam o crescimento e o rendimento das plantas. Esta questão de investigação foi considerada fora do âmbito deste estudo de investigação. A resposta a esta pergunta depende do tipo e da variedade de plantas que estão a ser cultivadas. Este estudo de investigação apenas abordou questões sobre as condições gerais do solo. Como estas condições do solo afectariam diferentes tipos de plantas em questões específicas que terão de ser abordadas em futuros estudos de investigação. Os baixos níveis de pH na estação e os seus potenciais efeitos sobre a capacidade das plantas para absorver outros elementos foi a principal preocupação encontrada neste estudo de investigação.

A quinta questão de investigação abordou como as diferenças na fertilidade do solo na Estação Sadore do ICRISAT afectariam a validade de futuros projectos de investigação. Foram identificadas várias questões nutricionais preocupantes durante a realização deste estudo. Estas questões terão um efeito prejudicial sobre a qualidade de futuros estudos de investigação. Será difícil isolar as variáveis dependentes e independentes na investigação. Será difícil atribuir as diferenças à condição em estudo ou a variáveis externas no solo. O conhecimento destas condições ajudará os investigadores a conceber as suas experiências de modo a que estas variáveis sejam contabilizadas ou compensadas de alguma forma.

Um padrão chave que emergiu ao longo dos testes do solo são as diferenças entre os sítios orientais e as pocilgas ocidentais. Estas diferenças podem ter efeitos prejudiciais sobre a capacidade de isolar as condições de teste desejadas. O factor potencialmente mais perturbador acerca destas descobertas é que os investigadores anteriores poderiam ter atribuído os seus resultados às variedades vegetais em estudo, quando os resultados se deviam na realidade a diferenças nas condições de solo pré-existentes. A revisão bibliográfica demonstrou que no passado, os investigadores prestaram pouca atenção às condições do solo nativo. Isto poderia ter levado a conclusões erradas. É importante que esta condição seja corrigida no futuro.

A questão de investigação seguinte é: "Quais seriam os efeitos prováveis das diferenças na fertilidade do solo no Centro Sahelian da estação de investigação ICRISAT sobre a fiabilidade e a capacidade de isolar a variável de investigação dependente? Esta questão foi abordada na resposta à pergunta de investigação anterior. É um factor chave na fiabilidade e no valor dos futuros esforços de investigação.

Outra questão de investigação que foi colocada foi como as diferenças no solo afectam a fiabilidade dos dados de investigação nos estudos. Os resultados deste estudo criam preocupações consideráveis nesta área. Não se pode determinar como condições desconhecidas na estação de investigação afectaram os estudos de investigação no passado. No entanto, os padrões encontrados no nível de nutrientes do solo suscitam preocupações. A disponibilidade de nutrientes foi considerada problemática. Como discutimos na revisão bibliográfica, não é suficiente colocar simplesmente fertilizantes no solo. Eles devem ser do tipo que não será impedido pelo tipo de solo da área. Certos solos têm um efeito prejudicial sobre a capacidade das plantas de absorver os nutrientes de que necessitam. O pH e a condutividade do solo na estação criam preocupações de que o solo na estação possa ser um impedimento à absorção do solo pelas plantas.

A questão final abordada na tese é como esta investigação irá afectar a investigação futura na estação. Esta investigação afectará a investigação futura na estação de várias maneiras. A primeira forma em que a investigação futura será afectada é que os níveis adequados de fertilização poderão ser estabelecidos. Os métodos de suficiência podem ser calculados com maior precisão com estes dados em mãos. Foram encontrados vários níveis elevados de nitrogénio em vários dos locais. Isto pode ser devido a um excesso de nitrogénio aplicado a uma cultura durante a realização da investigação. Isto tem o potencial de causar danos ambientais na estação de investigação, que podem ser potencialmente lixiviados para cursos de água próximos. Esta é uma ameaça particular durante a estação chuvosa, quando os nutrientes são mais facilmente transportados, ver a dissolução na água. A utilização dos dados para evitar a sobrecarga de nutrientes é uma realização fundamental deste estudo de investigação.

Recomendações

Este estudo de investigação conseguiu realizar os seus objectivos-chave. Foi obtido um conjunto de dados que reflectem as condições ambientais do solo na Estação Sadore do ICRISAT. Como a investigação salientou, estes dados serão essenciais para a realização de uma investigação válida no futuro. As muitas formas pelas quais os resultados deste estudo serão úteis têm sido destacadas ao longo deste estudo de investigação. As seguintes recomendações são sugeridas como resultado deste estudo de investigação.

A revisão bibliográfica descobriu que os testes do solo para obter níveis de base de nutrição do solo eram esporádicos no passado. Os novos métodos analíticos são mais precisos e dão resultados mais rápidos do que muitos dos métodos anteriores utilizados na análise do solo. Dados recentes sobre os solos são essenciais para a realização de investigações precisas. A primeira recomendação deste estudo de investigação é a utilização destes dados. Deve fazer parte de todos os estudos no futuro.

As condições do solo estão continuamente a mudar, particularmente quando a actividade humana devido a actividades agrícolas está envolvida. A reposição orgânica do solo é um processo mais lento ao longo do tempo. No entanto, a adição de fertilizantes todos os anos acelera o processo, criando um ambiente de solo mais dinâmico do que o existente no ambiente natural. Por esta razão, os testes do solo precisam de ser realizados regularmente para verificar os efeitos que estas actividades estão a ter na investigação e no ambiente.

Este conjunto de dados servirá de base para futuros esforços de monitorização do solo na estação. Recomenda-se que os níveis de nutrientes ambientais se tornem um acontecimento recorrente na estação. Recolhendo amostras de solo a intervalos regulares, pelo menos uma vez em cada ciclo de cultivo, para ver como as actividades do ano passado afectaram o solo na área. Este seria também um bom ponto de partida para outras investigações sobre a área de estudos sobre a forma como os seres humanos afectam as condições do solo. Há muitos tópicos que poderiam resultar da monitorização e seguimento regulares do solo num único local.

Esta investigação desencadeia o início de um sistema de monitorização que servirá de modelo para o futuro e que poderá ser potencialmente utilizado para conceber programas de monitorização em outras estações de investigação. No passado, a monitorização do solo era entediante. Os testes de laboratório eram longos e não eram tão precisos como os que são utilizados hoje em dia. O rastreio e os dados de monitorização eram também um processo moroso. Agora, com melhorias no equipamento de laboratório e nos computadores, a análise laboratorial dos solos não é uma tarefa tão enfadonha como costumava ser. Agora, temos a capacidade de manter melhores registos e de analisar mais dados num período de tempo mais rápido. Isto prepara o terreno para um sistema de monitorização regular. Sugere-se que seja criado um programa de monitorização na Estação Sadore do ICRISAT, e que outros sejam criados também noutras estações de investigação. A monitorização regular do solo deve tornar-se um procedimento padrão em qualquer instalação que faça investigação de culturas.

A recomendação final é que a base de dados se torne um trabalho em progresso. Deve ser acrescentada regularmente. Quanto mais dados se tiver, mais exactos serão os seus resultados e mais fiáveis serão os seus projectos de investigação. Uma falha chave foi encontrada no protocolo de amostragem para este estudo de investigação. O método de amostragem utilizado é válido, e reflecte os métodos utilizados na produção de culturas. No entanto, um sistema de amostragem mais consistente e regular levaria a um melhor mapeamento. Não é que o sistema de amostragem fosse incorrecto, mas sim que, para fins de investigação, poderia ser melhorado. Contudo, dados adicionais e um sistema de mapeamento de amostras mais preciso estão para além do âmbito desta investigação devido ao custo e à mão-de-obra necessária para realizar esta tarefa monumental. Tal como o projecto no futuro, aumentaria a capacidade de isolar as condições dentro do solo que poderiam ser responsáveis pelos resultados da investigação.

Uma cartografia mais precisa dos solos criará novas possibilidades na investigação na estação. Saberão quais as condições existentes na área onde a sua investigação terá lugar. A Estação Sadore ICRISAT tem uma área de 500 hectares. Trata-se de uma grande instalação e muitas destas recomendações levarão tempo, dinheiro e recursos humanos. Os dados podem ser construídos ao longo do tempo, talvez começando pelo sector mais crítico para fins de investigação e depois mudando para outros. A realização de uma análise detalhada do solo antes do início de um projecto de investigação ajudará não só a aumentar a validade desse projecto de investigação, como os dados podem ser acrescentados à base de dados ao mesmo tempo.

Conclusões

O objectivo deste estudo de investigação é promover a criação de uma base de dados de amostras de solo ambiente para utilização em futuros estudos de investigação na Estação Sadore do ICRSAT. Os benefícios e metodologias utilizados nesta análise já foram amplamente discutidos, bem como as implicações da investigação e do estudo. A estação ICRISAT está a desempenhar um papel importante no desenvolvimento de culturas alimentares que serão capazes de sustentar uma população global em crescimento. Temos apenas tanto espaço e, a fim de satisfazer as necessidades de aumentos populacionais futuros, teremos de nos tornar melhores na utilização do que temos.

O desenvolvimento de culturas mais eficientes, mais produtivas e com maior resistência às doenças é essencial para a capacidade de alimentar a população mundial. Estas melhorias das culturas já tiveram um impacto nas nações em desenvolvimento. Os países em desenvolvimento colheram os benefícios de serem capazes de cultivar mais alimentos com menos esforço e em menos terra. Isto permite aos agricultores tornar as suas terras mais produtivas e gerar maiores rendimentos. Isto é importante para a sua capacidade de crescer e competir também na economia global.

O ICRISAT é uma organização que se dedica a ser capaz de alimentar um planeta em crescimento que se depara com recursos cada vez menores. O mundo que o ICRISAT é importante para as gerações presentes e futuras. Por este motivo, o desenvolvimento de melhores métodos de investigação deve ser uma prioridade máxima. A estação ICRISAT, Sadore, está confrontada com culturas em crescimento num dos ambientes mais extremos e duros do mundo. Até à data, as suas realizações têm sido impressionantes. Contudo, ainda há espaço para melhorias e é aqui que os resultados deste estudo serão os mais importantes.

Referências

Anónimo (1986). Soil Acidity Management of the Humid Tropics (software de computador). Centro de Investigação de Solos, Bogor, Indonésia e Programa TropSoils da USAID.

Ajayi O, Dike MC, & Youm O. (2002). Evaluation of pearl millet varieties for resistance to millet stem borer, Coniesta ignefusalis Hampson (Lepidoptera: Pyralidae) In Nigeria. *Samaru Journal of Agricultural Research* 18: 55-66

Atta S. (2011) Variação nos macroelementos e conteúdos proteicos de Roselle do Níger. African Journal of Food, Agriculture, *Nutrition and Development*. FindArticles.com. 28 Abr, 2011. http://fmdarticles.com/p/articles/mi_7400/is_6_10/ai_n55090017/

Baldwin, K. (2006). Fertilidade do solo em quintas orgânicas. Centro de Sistemas Agrícolas Ambientais. Universidade Estatal da Carolina do Norte A & T e o Departamento de Agricultura e Serviços ao Consumidor da Carolina do Norte.

Bationo, A. 1979. Effets de N, P, K sur le rendement du mais grain; modeles mathematiques et etudes economiques, stratification des analyses de sols. M.Sc. Universite Laval.

Benton Jones, J. 2003 Manual Agronómico, gestão das culturas, solos e sua fertilidade (450p.)

Bidinger FR, Serraj R, & Rizvi S. (2005). Avaliação de campo dos efeitos da tolerância à seca QTL no fenótipo e adaptação em painço de pérola [Pennisetum glaucum (L.)R.Br.] híbridos topcross. *Pesquisa de campo de culturas* 94:14-32.

Preto, C.A. (editor). Métodos de Análise de Solos. Série Agronomia No.9, ASA Madison, Wisconsin, E.U.A. Parte 2

Bley, J., Van der Ploeg, R. & Sivakumar, M. et al (1991). A risk-probability map for millet production in southwest Niger Soil Soil Water Balance in the Sudano-Sahetian Zone (Proceedings of the Niamey Workshop, Fevereiro de 1991). IAHS Publ. no. 199,1991.

Bray, R. H. 1944. Relações solo-planta. I. Ciência do Solo 58: 305-324.

Bray, R. H. 1948. Correlação do teste do solo com a resposta da cultura para adicionar fertilizante e com as necessidades de fertilizantes. Em Técnicas de diagnóstico de solos e culturas. American Potash Institute : 38-68.

Bray, R. G. 1954. Anutrientmobility concept. Soil Science95(2): 124-130.

Bruce R. Hoskins (2010), Cientista Assistente, Maine Soil Testing Service/Analytical Lab, Maine Forestry & Agricultural Experiment Station University of Maine, Soil Testing Handbook for Professionals in Agriculture, Horticulture, Nutrient and Residuals Management Third Edition.

Busso CS, Devos KM, & Ross G, et al (n.d.). Diversidade genética dentro e entre as raças de milheto de pérolas (*Pennisetum glaucum*) sob gestão de agricultores na África Ocidental. *Recursos Genéticos e Evolução das Culturas* 47:561-568.

Cate Jr, R. B. e Nelson, L. A. 1971. Um procedimento estatístico simples para a correlação de teste de partição do solo em duas classes. Soil Sci. Soc. Am.Proc. 35: 656-660.

Cerrato, M. E. e Blackmer, . 1990. Comparação de modelos para descrever a resposta do rendimento do milho ao fertilizante azotado. Agron. J. 82 : 138-143.

Clerget, B. Haussmann, B. & Bourelima, S. et al (2007). Surpreendente resposta da floração ao fotoperíodo: Caracterização preliminar do germoplasma do painço de pérolas da África Ocidental e Central. *ICRISAT e-journal* 5 (1). Obtido em 16 de Abril de 2011 a partir de http://www.icrisat.org/journal/volume5/Sorgum_Millet/sm5.pdf

Colwell, J. D. 1978. Computações para estudos de fertilidade do solo e necessidades de fertilizantes. Commonwealth Agricultural Bureaux, Slough, Inglaterra.

Algodão, A. Teste do solo e das plantas como base de recomendações de fertilizantes. Boletim do Solo 38/2 da FAO. Roma.

Dahnke, W. C. e Olson, R. A. 1990. Correlação de teste do solo, calibração e recomendações. Em Soil testing and plant analysis, 3ª edição. Série de livros SSSA nº. 3 : 45-71, R. L. Westerman, edição.

De Rouw, A., 2004. Melhoria dos rendimentos e redução dos riscos na exploração de painço de pérola no Sahel africano. *Sistemas Agrícolas* 81, 73-93.

Esilaba, A.O. (1986). O efeito do tempo na disponibilidade de P em dois solos, determinado pela análise do solo e a absorção de plantas. Resumo da tese de doutoramento, Agronomia Abs. Ann. Reunião da ASA e SSSA, Nova Orleães, Louisiana, EUA, Nov-Dez, 1986 pp.197.

Fatondji, D., Pasternak, D. & Woltering, L. (2008)./ Produção de melancia em águas pluviais armazenadas em solos arenosos sahelianos. *African Journal of Plant Science* 2 (12),151-160,

Gowda CLL, Rai KN, & Reddy B. (2008). (eds.) 2006. Pesquisa de pais híbridos no ICRISAT. Patancheru 502 324, Andhra Pradesh, Índia : International Crops Research Institute for the Semi-Arid Tropics (Instituto Internacional de Investigação de Culturas para os Trópicos Semiáridos). 216 pp.

Haldar D. Abhijit. (2005), Physical and Chemical Methods in Soil Analysis: Conceitos Fundamentais de Química Analítica e Técnicas Instrumentais

Hamza, M. (2008). Compreender a Análise do Solo. Relatório Técnico de Gestão de Recursos 327. Departamento de Agricultura e Alimentação. Autoridade da Agricultura da Austrália Ocidental.

Hauser, G. F. 1973. Guia para a calibração de recomendações de fertilizantes.Soil Bull. 18, FAO, Roma.

Haussmann BIG, Hess DE, & Reddy B. (2001). Análise de padrões de interacção genótipo x ambiente para resistência à Striga e produção de grãos em ensaios com sorgo africano. *Euphytica* 122:297-308.ntal Agricultura 38, 131-148.

Hayashi, K. Abdoulaye, T. Gerard, B.Bationo, A. Hayashi, K. Abdoulaye, T. Gerard, B. Bationo, A. (2008), Evaluation of application timing in fertilizer micro-dosing technology on millet production in Niger, West Africa.

Heady,E. U., Pesek, J. T. e Brown, G. W. 1955. Superfícies de resposta das culturas e optima económica na utilização de fertilizantes. Iowa Agric. Experiência. Estação de Pesquisa Bull. 424, Ames, Iowa.

Herrmann, L., Hebel, A. & Stahr, K. (1994), Influence of Microvariability in Sandy Sahelian Soils on Millet Growth. *Zeitschrift für Pflanzenernährung und Bodenkunde*, 157: 111-115.

Hinga, G. (1974) Inorganic phosphorus fractions inorganic in some Kenya soils and their solubility in extracting solutions. Apresentado na 13ª reunião do Comité Especialista da África Oriental para a Fertilidade dos Solos e Nutrição das Culturas, Nairobi, Quénia.

Hoskine, B. (1997). Manual de Testes de Solo para Profissionais da Agricultura, Horticultura, Nutrição e Gestão de Resíduos. Serviço Principal de Testes de Solo. Terceira Edição.

Houba V. J. G., Novozamky I., Van Lee ., J. J. (1990), Soil and Plant Analysis, Part 4, Backgrounds of Soil Analysis, Second concept

Ibrahima, Oumar (2005) Allozyme Variation Among Some Pearl Millet (Pennisetum glaucum L.) Cultivars Collected from Tunisia and West Africa. *Recursos Genéticos e Evolução das Culturas* 52(8)

ICRISAT (2011). Culturas mandatadas pelo ICRISAT. ICRISAT. Recuperado a 18 de Abril de 2011 de http://www.icrisat.cgiar.org/Icrisat-crops.htm

Ilyassou, O. (2010). Determinação da Biomassa Microbiana do Solo C, N e P Universidade Internacional Atlântica.

Ilyassou, O. (2011). Interpretação de análises laboratoriais. Universidade Internacional Atlântica

Ilyassou, O. (2010). Procedimentos de Análise Vegetal. Universidade Internacional Atlântica.

Ilyassou, O. (2010). Análise Química de Rotina do Solo. Universidade Internacional Atlântica.

Ilyassou, O. (2011). Qualidade e Análise da Água para Uso Agrícola. Universidade Internacional Atlântica.

Ilyassou O. , 2005-2007, Manual ASASL (francês), Laboratory Manual on Methods used in the Analytical Services Laboratory ofICRIDAT Niger

Jardine, R. 1969. A calibração de testes de solo para requisitos de fertilizantes. Austr. J. Soil Res. 7 : 223-228.

Kishore GK, Pande S & Podile AR.(2005). Controlo biológico da doença da podridão do colar com bactérias antifúngicas de largo espectro associadas ao amendoim. *Canadian Journal of Microbiology* 51(2):123-132. 31.

Kishore GK, Pande S & Podile AR.(2005). Aplicação foliar de Serratia marcescens GPS 5 com suplemento de quitina activa enzimas de amendoim relacionadas com a defesa. *Journal of Phytopathology* 153(3):169-173. 32.

Kishore GK, Pande S & Podile AR. (2005). As bactérias Phylloplane aumentam a emergência de plântulas, crescimento e produção de amendoim cultivado no campo (Arachis hypogaea L.). *Letters in Applied Microbiology* 40(4):260-268.

Mapas do Mundo. (2009). Clima do Níger. Recuperado a 20 de Abril de 2011 de http://www.mapsofworld.com/niger/climate.html

Margesin, Rosa; Schinner, Franz, (2005), Manual de Análise de Solos: Monitorização e Avaliação da Biorremediação do Solo

Mariac C, Luong V,& Kapran I, et al. (2006) Diversity of wild and cultivated pearl millet accessions (Pennisetum glaucum [L.] R. Br.) in Niger assessed by microsatellite markers. *Genética Teórica e*

Aplicada. 114:49-58

Monyo ES, Gupta SC, & Muuka FN. (2002) Cultivares de painço de pérolas libertadas na região da SADC. P O Box 776, Bulawayo, Zimbabwe: *International Crops Research Institute for the Semi-Arid Tropics.* 36pp.

Nable, R.O. & Loneragan, J.F. (1984a). Translocação de manganês num trevo subterrâneo. I. A redistribuição durante o crescimento vegetativo. Fisiol da planta J. australiana. 11: 101-111.

Nable, R.O. & Loneragan, J.F. (1984b). Translocação de manganês num trevo subterrâneo. II. Os efeitos da senescência das folhas e da restrição do fornecimento a partes de um sistema radicular dividido. AustralianJ. PlantPhysiol. 11:113-118.

Ndjeunga J, Bantilan MCS, Rao KPC (2006). Impact Assessment of Agricultural Technologies in West Africa: Workshop de Formação sobre Avaliação de Impacto 12-16 de Julho de 2004, África Ocidental, Bamako-Mali. BP 320, Bamako, Mali: International Crops Research Institute for the Sem

Nelson, L. A. e Anderson, R. L. 1977. Particionamento do solo, testar a propabilidade de resposta das culturas. Em T. R. Peck et al. editar. Correlação dos testes do solo e interpretação dos resultados analíticos. Publicação Especial ASA. 29. ASA, CSSA e SSSA, Madison, WI.

Ntare, BR. (2006) Arachis Hypogaea L. Páginas 21-29 em Ressources végétale de l'Afrique tropicale 1. Céréales et legumes secs: Recursos Vegetais da África Tropicall (Brink M e Belay G, eds.). Em *Cereais e leguminosas.* 2006, Fundação PROTA, Wageningen, Pay-Bas. Backhuys Publishers, Leiden , Pays-Bas. CTA, Wageningen, Pays-Bas. 328 pp.

Ntare BR, Olorunju PE **&** Hildebrand GL. (2002) . Progresso na criação de cultivares de amendoim de maturação precoce com resistência à doença da roseta do amendoim na África Ocidental. *Ciência do Amendoim* 29:17-23.i-Arid Tropics. 60 pp.

Obilana A Babatunde **&** Manyasa E. (2002). Milletes. Páginas 177-217 em Pseudocereais e Cereais Menos Comuns: propriedades dos cereais e potencial de utilização (Belton P. e Taylor, J. eds). Springer-Verlag Berlin Heidelberg New York.

Okalebo, J.R. (1987). A study of the effect of phosphate fertilizers on maize and sorghum production in some East African soils Ph.D. dissertation, University of Nairobi, Kenya.

Okalebo, J.R., Simpson, Keating, B.A. e Gathua, K.W. (1989). A distribuição do fósforo disponível e o efeito do fertilizante fosfatado na produção de culturas em solos do distrito semi-árido de Machakos no Quénia. Apresentado em 9th Ann. Reunião Gen. da Soil Science Soc. da África Oriental, Kisumu, Quénia.

Okalebo, J.R., Schnier, H.F. e Lekasi, J.K. 1991. Uma avaliação de fontes de fertilizantes fosfatados de baixo custo na produção de milho em terras de médio e alto potencial no Quénia. Em NARC Muguga, Record ofResearch (KARl), Ann. Rep. 1991, pp.191.

Osborne, J.F. (1974). Um resumo das Actividades de Química Agrícola na EAAFRO. Apresentado na 13ª Reunião do Comité Especialista da África Oriental sobre Fertilidade do Solo e Nutrição de Culturas, Nairobi, Quénia.

Pande S **&** Narayana Rao J. (2002). Efeito das densidades de população vegetal sobre a severidade da mancha foliar e ferrugem do amendoim. *The Plant Pathology Journal* 18(5): 271-278.

Pender, J. Abdoulaye, T. & Ndjenunga, J. et al (2005). Impactos do Crédito Inventário, das Lojas de Abastecimento de Insumos e das Microdosagens de Fertilizantes nas Terras Secas do Níger.

Recuperado a 16 de Abril de 2011 de ttp:///www.fao.org/ag/agl/fieldpro/niger/doc/Doc_techniques/BI/Analyses/Impact_BI+ idade do mandato+micro-dose_ICRISAT_2006.pdf

Ravinder Reddy Ch, Navi SS & Vilas A Tonapi. (2005). Fungos transportados por sementes de sorgo, painço de pérolas, painço de dedos, grão-de-bico, grão-de-bico e amendoim. *Fitopatologia* 95: S74.

Reddy BVS, Sharma HC, & Thakur RP,(2006) Sorghum Hybrid Parents Research at ICRISAT-Strategies, Status and Impacts. *Journal of SAT Agricultural Research* 2 (1):1-24. http://www.icrisat.org/journal/cropimprovement/v2i1/v2i1sorghumhybrid.pdf

Reuter, D.J. e J.B. Robinson (1986). The Plant Analysis - An Interpretation Manual. Inkata Press, Melbourne, Sydney, Austrália.

Rigas E. Karamanos; Karen R. Cannon (2002), Virtual Soil Testing: É Possível?

Roche, P., Griere, L., Babre, D., Calba, H., e Fallavier, P. (1980). Fósforo em Solos Tropicais: Avaliação dos níveis de deficiência e das necessidades de fósforo. IMPHOS. Instituto Mundial do Fosfato, 75008 Paris, França, Publicação Científica No.2.

Roger Hill; Brian Taylor; Tony Kay; Ian McKellar (2002), Automation of Routine Soil Extraction Procedures.

Sarkar, D. Haidar, Abhijit. (2005), Physical and Chemical Methods in Soil Analysis: Conceitos Fundamentais de Química Analítica e Técnicas Instrumentais.

Saxena KB, Kumar R, & Rao PV.(2002). Nutrição do pombinho e a sua melhoria na melhoria da qualidade das culturas. Páginas 227-260 em Melhoria da Qualidade das Culturas de Campo (Basra AS e Randhawa LS., eds.). A Imprensa de Produtos Alimentares.

Serraj R, Hash CT, & Buhariwalla HK, (2005). Criação assistida por marcadores para tolerância à seca das culturas no ICRISAT: Realizações e perspectivas. Páginas 217 - 238 em Actas do Congresso Internacional "In the Wake of the Double Helix: From the Green Revolution to the Gene Revolution", 27-31 de Maio de 2003, Bolonha, Itália (Tuberosa R, Phillips RL e Gale MD, eds.). Bolonha, Itália: Avenue media.

Serraj R, Hash CT, & Rizvi SMH (2003). Avanços recentes na selecção assistida por marcadores para tolerância à seca em painço de pérolas. *Plant Production Science* 8(3):334-337.

Sivakumar,M, A & Salaam, S (1999). Efeito do ano e do fertilizante na eficiência de utilização da água do painço de pérolas (Pennisetum glaucum) no Níger. *The Journal of Agricultural Science* 132: 139148

Stich' B., Haussamnn, B. & Pasam, R. et al, (2010). atterns of molecular and phenotypic diversity in pearl millet [*Pennisetum glaucum* (L.) R. Br.] from West and Central Africa and their relation to geographical and environmental parameters. *BMC Biologia Vegetal*. 10:216

Tekalign, T., Haque, I., e Aduayi, E.A. (1991). Manual de análise de solos, plantas, água, fertilizantes, estrume animal e composto. Plant Science Division Working Document 13, ILCA, Addis Abeba, Ethiopia.

Tisdale, S.L. e Rucker, D.L. (1964). Resposta das culturas a vários fosfatos. Técnica. Bull. No. 9. The Sulphur Institute, Washington, EUA.

Tostain S, Riandey M, & Marchais L(1987) Enzyme diversity in pearl-millet (*Pennisetum glaucum*).1. África Ocidental. *Genética Teórica e Aplicada* 74:188-193

Ulrich, A. (1952). Bases fisiológicas para avaliar as necessidades nutricionais das plantas. Ann. Rev. Plant. Physiol. 3:207-228.

Umeh VC, Youm O & Waliyar F. 2001. Pestes do solo de amendoim na África subsaariana - Uma revisão. *Insect Science and Its Application* 21(I):23-32.

Vadez V, Krishnamurthy L, & Gaur PM, (2007). Grande variação na tolerância à salinidade é explicada pelas diferenças na sensibilidade das fases reprodutivas do grão de bico. *Field Crop Research* 104: 123-129.

Velu G, Rai KN, & Muralidharan V, (2007). Perspectivas de criação de painço biofortificado de pérolas com elevado teor de ferro de grão e zinco. *Reprodução de plantas* 126(2):182-185.

Weltzien E, Christinck A, & Toure A, (2006). Melhorar o acesso dos agricultores às variedades de sorgo através do aumento da criação participativa de plantas no Mali, África Ocidental, Trazer os Agricultores de volta à Reprodução (Almekinders C e Hardon J, eds.). *Experiências com a Reprodução Vegetal Participativa e Desafios para a Institucionalização.* Agromisa Special, Agromisa, Wageningen.

Woomer, P.L. e Ingram, J.S.I. (1990) The Biology and Fertility of Tropical Soils: Relatório TSBF 1990. TSBF, Nairobi, Quénia, pp. 5-16.

Yadav OP & Bidinger FR. (2007). Utilização, diversificação e melhoria das raças terrestres para melhorar a produtividade do painço de pérolas em ambientes áridos. *Anais da Zona Árida* 46:49-57.

Ying, V., Haley, L. E., e Melsted, S. W. 1963. Correlação do valor do teste do solo com os rendimentos do arroz na Tailândia. S.S.S.A.Proc. 27 :395-397.

Youm, O , & Owusu, O. (1998). Percepções dos Agricultores sobre Perdas de Rendimento devido a Pragas de Insectos e Métodos de Avaliação Inpearl Millet. *International Journal Of Pest Management* .44(2) 123± 125

Printed by Books on Demand GmbH, Norderstedt / Germany